海南国际旅游岛建设十年
近岸海域生态环境质量变化趋势研究

陈表娟　编著

科 学 出 版 社

北 京

内 容 简 介

　　本书基于海南省生态环境监测网 2008～2017 年开展的海南岛近岸海域水质、沉积物、海洋生物、入海河流等环境要素监测数据和海南省直排海污染源污染物排放情况，对海南国际旅游岛建设十年间海南岛近岸海域生态环境质量状况及直排海污染源污染物排放压力进行研究分析。海南国际旅游岛建设十年间，近岸海域整体水质不断提升，水质由良好上升为优，局部海域水质有所波动。

　　本书可为生态环境监测人员、科研人员和管理人员了解海南国际旅游岛建设期间近岸海域生态环境质量及直排海污染源污染物排放情况提供基本信息，也可作为高等院校和科研机构开展海南岛近岸海域生态环境质量状况与直排海污染源污染物排放趋势研究的教学参考书籍。

图书在版编目(CIP)数据

海南国际旅游岛建设十年近岸海域生态环境质量变化趋势研究/陈表娟编著. —北京：科学出版社，2019.5

ISBN 978-7-03-061159-8

Ⅰ. ①海… Ⅱ. ①陈… Ⅲ. ①海岸带－生态环境－研究－海南
Ⅳ. ①X321.266

中国版本图书馆 CIP 数据核字（2019）第 085770 号

责任编辑：杨光华 / 责任校对：高　嵘
责任印制：徐晓晨 / 封面设计：苏　波

科 学 出 版 社 出版
北京东黄城根北街16号
邮政编码：100717
http://www.sciencep.com
北京凌奇印刷有限责任公司 印刷
科学出版社发行　各地新华书店经销
*

2019 年 5 月第 一 版　　开本：787×1092　1/16
2021 年 4 月第三次印刷　　印张：9 3/4
字数：231 000

定价：78.00 元
（如有印装质量问题，我社负责调换）

前　言

奔涌的发展潮流，唤醒了沉睡千年的海岸。2009 年 12 月，国务院办公厅发布《国务院关于推进海南国际旅游岛建设发展的若干意见》。国际旅游岛建设正式上升为国家战略，海南省再一次勇立改革开放大潮的最前沿。十年是一个轮回，十年也是一次洗礼。在党中央、国务院和海南省委、省政府的正确领导下，海南省始终以习近平总书记系列讲话精神和习近平新时代中国特色社会主义思想为指导，牢固树立"绿水青山就是金山银山"的强烈意识，围绕《海南经济特区海岸带保护与开发管理规定》《海南省近岸海域环境功能区划》《海南省水污染防治行动计划实施方案》《海南省近岸海域污染防治实施方案》要求，以改善海岸带和近岸海域环境质量为核心，推动陆海统筹污染防治，严格控制各类污染物排放，在海南国际旅游岛建设过程中，海南岛近岸海域水质、沉积物质量、浮游动植物生境质量持续保持优良态势。

本书由海南省环境监测中心站负责编写。海南省生态环境厅相关处室、直属单位，全省 12 个沿海市县环境监测站及海南省统计、水务、气象、农业、国土等相关部门和单位为本书的研究与分析提供了基础数据和相关信息，在此对各单位及参加监测的所有工作人员表示感谢。

由于海南省近海海域生态环境监测的不断发展，编写人员的业务水平、工作经验有限，本书尚存有诸多不尽人意之处，敬请专家和广大读者批评指正，使海南省近岸海域生态环境质量变化趋势研究工作不断完善，更好地为广大读者服务。

作　者

2019 年 4 月

目　　录

第 1 章 概　况

海南省，简称琼，别称琼州，位于中国南端。海南省是中国国土面积（陆地面积加海洋面积）第一大省，1988 年 4 月 13 日，第七届全国人民代表大会第一次会议以举手表决方式通过撤销广东省海南行政区，设立海南省，建立海南经济特区。海南经济特区是中国最大的省级经济特区，并且是唯一的省级经济特区。海南省北以琼州海峡与广东省划界，西隔北部湾与越南相对，南面和东南面临辽阔的南海，与菲律宾、文莱、马来西亚和印度尼西亚为邻。海南岛地处北纬 18°10′～20°10′，东经 108°37′～111°03′，岛屿轮廓形似一个椭圆形大雪梨，长轴呈东北至西南向，长约 290 km，西北至东南宽约 180 km，面积为 3.39×10^4 km²，是国内仅次于台湾岛的第二大岛。海岸线总长 1 823 km，有大小港湾 68 个，周围–10～–5 m 的等深地区达 2 330.55 km²，相当于陆地面积的 6.8%。

2008 年 5 月 26 日，海南省人民政府首次发布《海南国际旅游岛建设行动计划》（琼府〔2008〕36 号），提出了旅游业全面与国际接轨，把海南建设成为世界一流的热带海岛度假休闲胜地；实现"服务零距离、管理零距离、景区零距离、产品零距离"，把海南建设成为"旅游开放之岛、欢乐阳光之岛、休闲度假之岛、生态和谐之岛、服务文明之岛"；确立了 2013 年、2018 年和 2028 年阶段性目标，标志着海南国际旅游岛建设正式启动。

2009 年 12 月 31 日，国务院办公厅发布了《国务院关于推进海南国际旅游岛建设发展的若干意见》（国发〔2009〕44 号）（以下简称《意见》），这意味着海南继 1988 年建省办经济特区之后，迎来了第二次重大的历史性发展机遇，也宣告海南国际旅游岛建设正式上升为国家战略，海南省再一次勇立改革开放大潮的最前沿。《意见》要求海南省构建更具活力的体制机制，走生产发展、生活富裕、生态良好的科学发展之路；积极发展服务型经济、开放型经济、生态型经济，形成以旅游业为龙头、现代服务业为主导的特色经济结构；着力提高旅游业发展质量，打造具有海南特色、达到国际先进水平的旅游产业体系；注重保障和改善民生，大力发展社会事业，加快推进城乡和区域协调发展，逐步将海南建设成为生态环境优美、文化魅力独特、社会文明祥和的开放之岛、绿色之岛、文明之岛、和谐之岛；提出将海南省建设为我国旅游业改革创新的试验区、世界一流的海岛休闲度假旅游目的地、全国生态文明建设示范区、国际经济合作和文化交流的重要平台、南海资源开发和服务基地、国家热带现代农业基地六大战略定位。

　　自 2008 年起，海南省环境监测中心站组织海南省 12 个沿海市县环境监测站对海南岛近岸海域水质、沉积物质量、海洋生物环境质量、入海河流水质及直排海污染源开展例行监测。2017 年，正是海南国际旅游岛建设第十个年头，十年的夙夜在途，十年的砥砺奋进，海南省用十年坚定的脚步，迈开了国际旅游岛建设的伟大征程。十年间，海南省更加重视保护独一无二的生态环境，更加重视改善民生，更加坚持绿水青山就是金山银山。本书以 2008～2017 年海南国际旅游岛近岸海域生态环境质量、入海河流和直排海污染源监测数据为基础，对海南国际旅游岛建设行动实施以来国际旅游岛近岸海域生态环境质量及其陆源压力变化趋势进行分析。为了便于研究海南岛沿海不同区域近岸海域水质特征，本书根据海南岛地理特征，结合沿海市县属地原则，将海南岛近岸海域划分为北部近岸海域（海口市、澄迈县）、东部近岸海域（文昌市、琼海市、万宁市）、南部近岸海域[三亚市、陵水黎族自治县（简称陵水县）、乐东黎族自治县（简称乐东县）]和西部近岸海域[儋州市、东方市、临高县、昌江黎族自治县（简称昌江县）]4 个区域。

第 2 章 近岸海域水质状况

2.1 总体情况

2008～2017 年,在海南省生态环境厅[原海南省国土环境资源厅(2015 年 1 月前)、原海南省生态环境保护厅(2015 年 1 月～2018 年 11 月)]统一领导下,在中国环境监测总站的指导下,历经"十一五"和"十二五"的多次调整,建成了海南岛近岸海域环境质量监测网络体系,监测范围覆盖了海上自然保护区、度假旅游区、养殖区、工业用水区、港口区、倾废区和排污混合区等多种功能区海域,固定监测站位84 个。监测结果显示,2008～2017 年海南岛近岸海域水质总体持续保持优良,大部分监测海域水质处于清洁状态,局部海湾、港口的个别年份水质出现污染。一类、二类海水比例为 84.5%～97.6%,劣四类海水比例为 0%～5.4%,水质优良率(为一类、二类海水比例)上升态势明显,劣四类海水仅在 2012 年和 2015 年出现。影响海南岛近岸海域水质的主要污染物为无机氮、化学需氧量、活性磷酸盐。

2.1.1 水质状况

1. 水质现状

2017 年,海南省近岸海域水环境质量总体为优,绝大部分监测海域水质处于清洁状态。在开展监测的 84 个近岸海域点位中,水质以一类海水为主，占 83.3%；二类海水次之，占 13.1%；三类海水占 1.2%；四类海水占 2.4%；无劣四类海水。三类海水出现在文昌市清澜红树林自然保护区近岸海域，四类海水出现在海口市东寨港红树林和万宁市小海近岸海域，主要受城市生活污水和养殖废水影响。详见图 2.1。

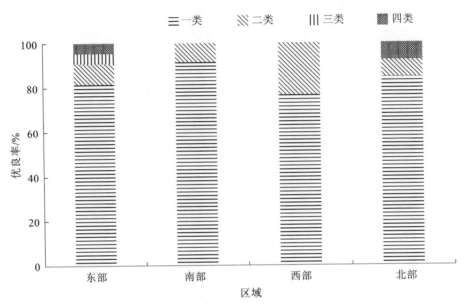

图 2.1　海南岛各区域近岸海域水质状况

1）东部近岸海域

水质总体为优，水质优良率为 90.8%，一类海水占 81.8%，二类海水占 9.0%，三类、四类海水各占 4.6%。

2）南部近岸海域

水质总体为优，水质优良率为 100%，一类海水占 91.3%，二类海水占 8.7%。

3）西部近岸海域

水质总体为优，水质优良率为 100%，一类海水占 76.9%，二类海水占 23.1%。

4）北部近岸海域

水质总体为优，水质优良率为 92.3%，一类海水占 84.6%，二类、四类海水各占 7.7%。

2．主要污染物浓度

2017 年，生化需氧量、铬（Ⅵ）、硒、氰化物、硫化物、挥发酚、六六六（总量）、滴滴涕（总量）、马拉硫磷、甲基对硫磷和苯并（a）芘 11 个项目未检出；石油类、汞、镉、铅、砷、锌、总铬和阴离子表面活性剂 8 个项目虽有检出但单次监测值未超一类标准；铜和镍 2 个项目出现单次监测值超一类标准但符合二类标准，溶解氧和 pH 2 个项目出现单次监测值超二类标准但符合三类标准,大肠菌群和粪大肠菌群出现单次监测值超三类标准但符合四类标准,活性磷酸盐、化学需氧量和无机氮和非离子氨 4 个项目出现单次监测值超四类标准。详见表 2.1 和图 2.2。

表 2.1　2017 年海南省近岸海域水质监测结果统计表

项目	样品数/个	检出率/%	平均值*	监测范围*	超一类标准/%	超二类标准/%	超三类标准/%	超四类标准/%
水温/℃	401	100	27.4	22.2～35.2	0	0	0	0
盐度/‰	401	100	32.0	0.62～34.58	0	0	0	0
悬浮物/(mg/L)	401	100	6.3	2.0～18.0	0	0	0	0
溶解氧/(mg/L)	401	100	6.54	4.76～13.80	13.9	0.8	0	0
pH	401	100	8.15	7.55～8.73	0.5	0.5	0	0
活性磷酸盐/(mg/L)	401	85.5	0.006 4	0.001 L～0.084	4.7	1.5	1.5	0.8
化学需氧量/(mg/L)	400	99.5	0.87	0.15 L～6.08	5.5	1.5	0.3	0.3
亚硝酸盐氮/(mg/L)	401	100	0.015	0.001～0.110	0	0	0	0
硝酸盐氮/(mg/L)	401	100	0.053	0.002～0.413	0	0	0	0
氨氮/(mg/L)	401	100	0.035 0	0.000 8～0.270 0	0	0	0	0
无机氮/(mg/L)	401	100	0.098	0.010～0.793	10.2	2.7	1.8	0.5
石油类/(mg/L)	257	90.3	0.008	0.001 L～0.044	0	0	0	0
汞/(μg/L)	399	75.9	0.016	0.007 L～0.039	0	0	0	0
铜/(μg/L)	401	99.5	1.778	0.2 L～6.2	0.3	0	0	0
镉/(μg/L)	401	70.1	0.173	0.012 L～0.802	0	0	0	0
铅/(μg/L)	269	100	0.526	0.001～0.990	0	0	0	0
非离子氨/(mg/L)	401	100	0.002 8	0.000 1～0.029 0	0.5	0.5	0.5	0.5
砷/(μg/L)	134	100	1.57	0.7～6.0	0	0	0	0
锌/(μg/L)	134	91.8	10.0	3.1 L～19.2	0	0	0	0
大肠菌群/(个/L)	95	45.3	44	20 L～240 000	1.0	1.0	1.0	0
粪大肠菌群/(个/L)	112	42.0	38	20 L～240 000	8.0	8.0	8.0	0
生化需氧量/(mg/L)	134	0	1.0 L	1.0 L～1.0 L	0	0	0	0
铬（Ⅵ）/(μg/L)	134	0	0.004 L	0.004 L～0.004 L	0	0	0	0
总铬/(μg/L)	134	76.9	0.001	0.000 4 L～0.002 0	0	0	0	0
硒/(μg/L)	134	0	0.200 L	0.2 L～0.2 L	0	0	0	0
镍/(μg/L)	134	87.3	1.951	0.5 L～7.3	1.5	0	0	0
氰化物/(mg/L)	134	0	0.000 5 L	0.000 5 L～0.000 5 L	0	0	0	0
硫化物/(mg/L)	134	0	0.000 2 L	0.000 2 L～0.000 2 L	0	0	0	0

续表

项目	样品数 /个	检出率 /%	平均值*	监测范围*	超一类标准/%	超二类标准/%	超三类标准/%	超四类标准/%
挥发酚/（mg/L）	134	0	0.001 1 L	0.001 1 L～0.001 1 L	0	0	0	0
六六六（总量）/（μg/L）	134	0	0.001 L	0.001 L～0.001 L	0	0	0	0
滴滴涕（总量）/（μg/L）	134	0	0.003 8 L	0.003 8 L～0.003 8 L	0	0	0	0
马拉硫磷/（μg/L）	134	0	0.64 L	0.64 L～0.64 L	0	0	0	0
甲基对硫磷/（μg/L）	134	0	0.42 L	0.42 L～0.42 L	0	0	0	0
苯并（a）芘/（μg/L）	134	0	0.004 L	0.004 L～0.004 L	0	0	0	0
阴离子表面活性剂/（mg/L）	134	2.2	0.01 L	0.01 L～0.01	0	0	0	0

注：*标注平均值与监测范围的单位为项目标注的单位；监测结果低于检出限时，用"最低检出限（数值）+L"表示

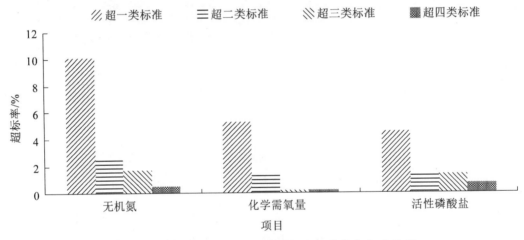

图 2.2　2017 年海南省近岸海域主要污染物超标率比较

总体上看，无机氮、化学需氧量和活性磷酸盐对海南岛近岸海域水质的影响较为突出。北部海口市东寨港红树林近岸海域水质受到活性磷酸盐的污染；东部文昌市清澜红树林自然保护区近岸海域水质受到化学需氧量的污染；东部万宁市小海近岸海域水质受到活性磷酸盐和无机氮的污染。

1）无机氮

监测值介于 0.010～0.793 mg/L，海南岛近岸海域均值为 0.098 mg/L，低于一类标准限值（0.2 mg/L），万宁市小海近岸海域水质受无机氮影响较大，年均值超二类标准 1.07 倍，其余监测点位年均值均低于二类标准限值。各市县近岸海域水质受无机氮影响程度略有不同，平均浓度均低于一类标准限值。海口市近岸海域水质受无机氮影响最大，平均浓度为 0.159 mg/L；陵水县近岸海域水质受无机氮影响最小，平均浓度为 0.072 mg/L。海南岛 4 个区域近岸海域中，无机氮浓度从高到低依次为北部、西部、东部、南部。

2）化学需氧量

监测值介于 0.15 L～6.08 mg/L，海南岛近岸海域均值为 0.87 mg/L，远低于一类海水标准限值（2.0 mg/L），文昌市清澜红树林自然保护区近岸海域水质受化学需氧量影响较大，年均值超二类标准 1.01 倍，其余监测点位年均值均低于二类标准限值。各市县近岸海域水质受化学需氧量影响程度略有不同，文昌市近岸海域水质受化学需氧量影响最大，平均浓度为 1.34 mg/L；琼海市近岸海域水质受化学需氧量影响最小，平均浓度为 0.70 mg/L；各市县平均浓度均低于一类标准限值。海南岛 4 个区域近岸海域中，化学需氧量浓度从高到低依次为南部、东部、西部、北部。

3）活性磷酸盐

监测值介于 0.001 L～0.084 mg/L，海南岛近岸海域均值为 0.0064 mg/L，低于一类标准限值（0.015 mg/L），万宁市小海近岸海域和海口市东寨港红树林近岸海域水质受活性磷酸盐影响较大，年均值分别超二类标准 1.23 倍和 1.13 倍，其余监测点位年均值均低于二类标准限值。各市县近岸海域水质受活性磷酸盐影响程度略有不同，文昌市近岸海域水质受活性磷酸盐影响最大，平均浓度为 0.012 mg/L；临高县近岸海域水质受活性磷酸盐影响最小，平均浓度为 0.004 mg/L；各市县平均浓度均低于一类标准限值。海南岛 4 个区域近岸海域中，活性磷酸盐浓度从高到低依次为东部、北部、西部、南部。

2.1.2　变化趋势

1. 水质变化趋势

2008～2017 年，海南岛近岸海域水质总体优中趋优，水质优良率介于 84.5%（2008年）～97.6%（2016 年），国际旅游岛建设早期水质为良好，自 2012 年以来水质持续为优，且优良率总体呈上升趋势，仅在个别年份略有波动。一类海水比例介于 48.9%（2009 年）～83.3%（2017 年）；二类海水比例介于 13.1%（2017 年）～37.8%（2009 年）；三类海水比例介于 0%（2012 年）～13.3%（2008 年）；四类海水比例介于 0%（2015 年、2016 年）～8.9%（2009 年、2011 年）；仅 2012 年和 2015 年出现劣四类海水，比例分别为 2.2%和 5.4%。详见表 2.2 和图 2.3。

表 2.2　2008～2017 年海南岛近岸海域各类海水比例

年份	一类海水/%	二类海水/%	三类海水/%	四类海水/%	劣四类海水/%	水质状况	主要污染物
2008	51.2	33.3	13.3	2.2	0	良好	石油类（13.6%）、无机氮（9.1%）、化学需氧量（4.5%）
2009	48.9	37.8	4.4	8.9	0	良好	石油类（8.3%）、无机氮（6.9%）、活性磷酸盐（4.9%）

续表

年份	一类海水/%	二类海水/%	三类海水/%	四类海水/%	劣四类海水/%	水质状况	主要污染物
2010	64.5	24.4	6.7	4.4	0	良好	无机氮（8.7%）、石油类（5.1%）、化学需氧量（1.0%）、活性磷酸盐（1.0%）
2011	57.8	31.1	2.2	8.9	0	良好	无机氮（7.8%）、石油类（5.9%）、活性磷酸盐（1.0%）
2012	60.0	31.1	0	6.7	2.2	优	石油类（8.5%）、无机氮（7.4%）、化学需氧量（1.1%）、活性磷酸盐（1.1%）
2013	60.0	32.7	1.8	5.5	0	优	无机氮（7.3%）、石油类（6.0%）、活性磷酸盐（1.7%）
2014	72.8	21.8	1.8	3.6	0	优	石油类（6.1%）、无机氮（5.9%）、化学需氧量（3.0%）
2015	76.4	16.4	1.8	0	5.4	优	无机氮（5.6%）、石油类（4.3%）、化学需氧量（3.4%）
2016	78.6	19.0	2.4	0	0	优	无机氮（2.1%）、活性磷酸盐（0.8%）
2017	83.3	13.1	1.2	2.4	0	优	无机氮（2.7%）、化学需氧量（1.5%）、活性磷酸盐（1.5%）

注：①根据《近岸海域环境监测规范》（HJ 442—2008），以超标倍数和超标率大小综合确定主要污染物，pH 和溶解氧不作为主要污染物列出；②括号内数值为污染物单次超标率

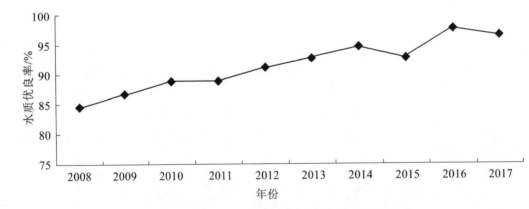

图 2.3　2008～2017 年海南岛近岸海域水质优良率

　　海南岛 4 个区域近岸海域中，南部近岸海域水质最佳，均为优；西部近岸海域次之，以优为主；东部近岸海域水质较好，以优和良好为主；北部近岸海域水质以良好为主。详见表 2.3。

表 2.3　2008～2017 年海南岛各区域近岸海域海水类别比例

海域名称	年份	监测点数	一类海水/%	二类海水/%	三类海水/%	四类海水/%	劣四类海水/%	水质状况	主要污染物
东部近岸海域	2008	11	63.6	9.1	27.3	0	0	一般	化学需氧量（11.4%）、石油类（6.8%）、无机氮（4.5%）
	2009	11	45.5	45.5	9.0	0	0	良好	化学需氧量（6.8%）
	2010	11	63.6	27.3	9.1	0	0	优	化学需氧量（4.5%）
	2011	11	63.6	27.3	0	9.1	0	优	活性磷酸盐（4.3%）
	2012	11	81.8	9.1	0	0	9.1	优	无机氮（4.5%）
	2013	13	53.8	46.2	0	0	0	良好	无机氮（1.9%）
	2014	13	92.3	7.7	0	0	0	优	/
	2015	13	84.6	0	7.7	0	7.7	良好	非离子氨（3.8%）、活性磷酸盐（3.8%）、化学需氧量（3.8%）
	2016	22	95.5	0	4.5	0	0	良好	无机氮（3.0%）
	2017	22	81.9	9.1	4.5	4.5	0	优	活性磷酸盐（3.7%）、无机氮（3.7%）、化学需氧量（3.7%）
南部近岸海域	2008	12	83.4	8.3	8.3	0	0	优	石油类（12.0%）
	2009	12	83.4	8.3	8.3	0	0	优	石油类（6.2%）
	2010	12	75.0	16.7	8.3	0	0	优	石油类（4.2%）
	2011	12	91.7	0	8.3	0	0	优	石油类（4.2%）
	2012	12	66.7	33.3	0	0	0	优	石油类（2.1%）
	2013	15	60.0	33.3	6.7	0	0	优	无机氮（7.1%）
	2014	15	80.0	20.0	0	0	0	优	/
	2015	15	86.7	13.3	0	0	0	优	非离子氨（1.8%）
	2016	23	78.3	21.7	0	0	0	优	活性磷酸盐（2.9%）、无机氮（1.4%）
	2017	23	91.3	8.7	0	0	0	优	无机氮（1.6%）、非离子氨（0.8%）
西部近岸海域	2008	11	36.4	63.6	0	0	0	良好	活性磷酸盐（2.4%）
	2009	11	45.5	45.5	0	9.0	0	良好	活性磷酸盐（4.5%）
	2010	11	81.8	18.2	0	0	0	优	活性磷酸盐（2.1%）
	2011	11	45.5	54.5	0	0	0	良好	/
	2012	11	63.6	36.4	0	0	0	优	石油类（2.3%）
	2013	16	87.5	12.5	0	0	0	优	/
	2014	16	81.3	18.7	0	0	0	优	/
	2015	16	100	0	0	0	0	优	/

续表

海域名称	年份	监测点数	一类海水/%	二类海水/%	三类海水/%	四类海水/%	劣四类海水/%	水质状况	主要污染物
西部近岸海域	2016	26	100	0	0	0	0	优	/
	2017	26	76.9	23.1	0	0	0	优	活性磷酸盐（0.9%）、无机氮（0.9%）、化学需氧量（0.9%）
北部近岸海域	2008	9	22.2	66.7	11.1	0	0	良好	石油类（12.0%）、无机氮（8.0%）
	2009	9	22.2	66.7	0	11.1	0	良好	活性磷酸盐（13.8%）、无机氮（6.9%）、石油类（6.9%）
	2010	9	44.4	44.4	11.2	0	0	良好	无机氮（11.4%）
	2011	9	33.3	55.6	0	11.1	0	良好	石油类（9.5%）、无机氮（8.7%）
	2012	9	33.3	55.6	0	11.1	0	良好	石油类（11.1%）、活性磷酸盐（5.6%）
	2013	9	33.3	55.6	0	11.1	0	良好	活性磷酸盐（9.1%）、石油类（9.1%）
	2014	9	33.3	55.6	11.1	0	0	良好	活性磷酸盐（4.8%）、无机氮（4.8%）、石油类（4.8%）
	2015	9	22.2	77.8	0	0	0	良好	/
	2016	13	7.7	92.3	0	0	0	良好	无机氮（5.2%）
	2017	13	84.6	7.7	0	7.7	0	优	无机氮（7.1%）、活性磷酸盐（1.8%）、化学需氧量（1.8%）

注：①根据《近岸海域环境监测规范》（HJ 442—2008），以超标倍数和超标率大小综合确定主要污染物，pH和溶解氧不作为主要污染物列出；②"/"表示该市县当年无污染物；③括号内数值为污染物单次超标率

1）东部近岸海域

2008～2017年水质略有波动，水质优良率介于72.7%（2008年）～100%（2013年、2014年），国际旅游岛建设早期（2008～2010年）水质总体以一类、二类为主，未见四类及劣四类海水；2011年以来，水质以一类海水为主，但个别年份出现四类、劣四类海水。可见，东部近岸海域水质总体保持优良，但局部海域水质有波动，出现污染现象。详见图2.4、图2.5。

2）南部近岸海域

2008～2017年水质稳定为优，水质优良率介于91.7%（2008～2011年）～100%（2012年、2014～2017年）；三类海水比例介于0%～8.3%（2008～2011年）；未见四类及劣四类海水。详见图2.4、图2.5。

3）西部近岸海域

2008～2017年水质总体为优，除2009年外，其余年份水质优良率均为100%，海南国

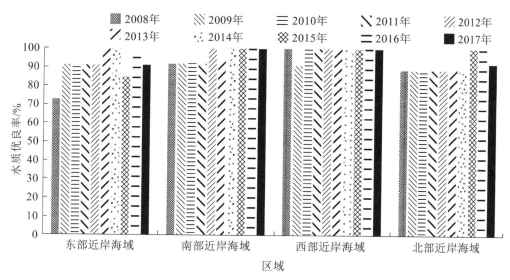

图 2.4　2008～2017 年海南岛各区域近岸海域水质优良率

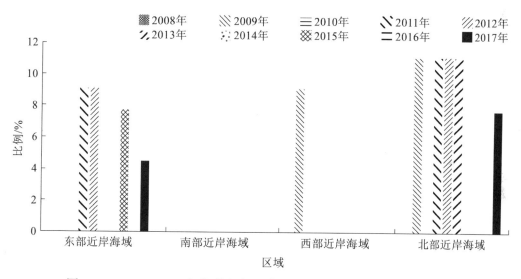

图 2.5　2008～2017 年海南岛各区域近岸海域四类、劣四类海水比例

际旅游岛建设早期水质以二类为主，2012 年以后，一类海水比例逐渐上升，仅 2017 年一类海水比例略有下降。海南国际旅游岛建设十年间，仅 2009 年出现四类海水，其余年份均未见三类、四类和劣四类海水。详见图 2.4、图 2.5。

4）北部近岸海域

2008～2017 年水质总体良好，水质优良率介于 88.8%（2010 年）～100%（2015 年、2016 年），2008～2016 年以二类水质为主，2017 年一类海水比例明显高于历年监测结果；三类、四类海水比例介于 0%～11.2%，海南国际旅游岛建设十年间未见劣四类海水。详见图 2.4、图 2.5。

2. 主要污染物变化趋势

2008～2017 年，海南岛近岸海域各项监测因子年均值均未超标，其中，氰化物、马拉硫磷、甲基对硫磷和苯并（a）芘均未检出；汞、铜、铅、镉、砷、锌、大肠菌群、粪大肠菌群、生化需氧量、铬、硒、镍、硫化物、挥发酚、六六六、滴滴涕、阴离子表面活性剂无单次超标现象，仅溶解氧、pH、活性磷酸盐、化学需氧量、无机氮、非离子氨、石油类出现单次超标现象。根据《近岸海域环境监测规范》（HJ 442–2008）9.1.7.4.2 主要污染物的确定方法，2008～2017 年海南岛近岸海域主要污染物为无机氮、石油类、化学需氧量和活性磷酸盐，各年份主要污染物略有不同。详见表 2.2、图 2.6。海南岛 4 个区域近岸海域中，不同区域间主要污染物存在差异，相同区域不同年份主要污染物也略有不同。详见表 2.3。

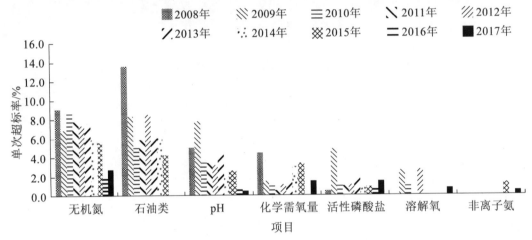

图 2.6　2008～2017 年海南岛近岸海域污染物超标比例

1）无机氮

2008～2017 年，海南岛近岸海域无机氮年均值为 0.102～0.151 mg/L，单次超标率介于 2.1%～9.1%。海南国际旅游岛建设十年间，海南岛近岸海域无机氮年均值在小范围内略有波动，单次超标率总体呈波动性下降趋势。详见图 2.7。

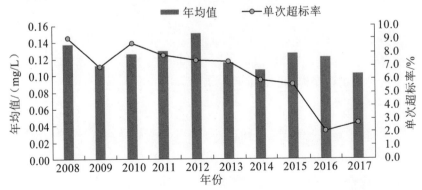

图 2.7　2008～2017 年海南岛近岸海域无机氮年均值和单次超标率

海南岛 4 个区域近岸海域中，北部近岸海域年均值明显高于其他区域。东部近岸海域年均值为 0.040～0.129 mg/L，单次超标率介于 0%～4.5%；南部近岸海域年均值为 0.066～0.099 mg/L，单次超标率介于 0%～7.1%；西部近岸海域年均值为 0.048～0.105 mg/L，单次超标率介于 0%～0.9%；北部近岸海域年均值为 0.161～0.264 mg/L，单次超标率介于 0%～11.4%。详见图 2.8、图 2.9。

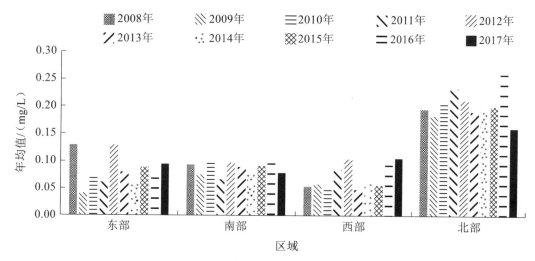

图 2.8　2008～2017 年海南岛各区域近岸海域无机氮年均值变化

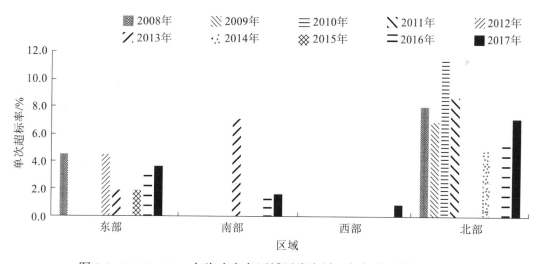

图 2.9　2008～2017 年海南岛各区域近岸海域无机氮单次超标率变化

2）石油类

2008～2017 年，海南岛近岸海域石油类年均值为 0.008～0.032 mg/L，单次超标率介于 0%～13.6%。海南国际旅游岛建设十年间，海南岛近岸海域石油类年均值和单次超标率均呈波动性下降趋势。详见图 2.10。

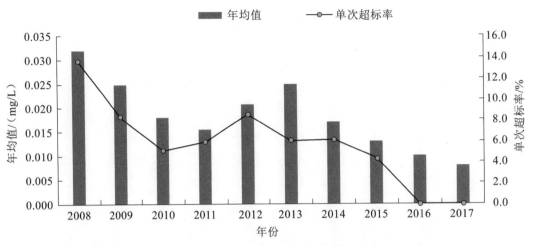

图 2.10　2008～2017 年海南岛近岸海域石油类年均值和单次超标率

　　海南岛 4 个区域近岸海域中，2008～2011 年南部近岸海域年均值高于其他海域，2013～2017 年北部近岸海域年均值高于其他海域；北部近岸海域单次超标率明显高于东部和西部近岸海域，南部近岸海域 2008～2012 年单次超标率较高，但总体呈下降趋势。东部近岸海域年均值为 0.005～0.017 mg/L，单次超标率介于 0%～6.8%；南部近岸海域年均值为 0.005～0.035 mg/L，单次超标率介于 0%～12.0%；西部近岸海域年均值为 0.005～0.029 mg/L，单次超标率介于 0%～2.3%；北部近岸海域年均值为 0.008～0.024 mg/L，单次超标率介于 0%～12.0%。详见图 2.11、图 2.12。

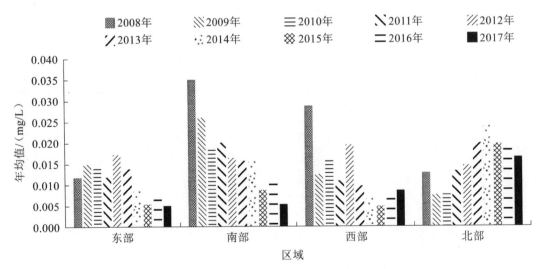

图 2.11　2008～2017 年海南岛各区域近岸海域石油类年均值变化

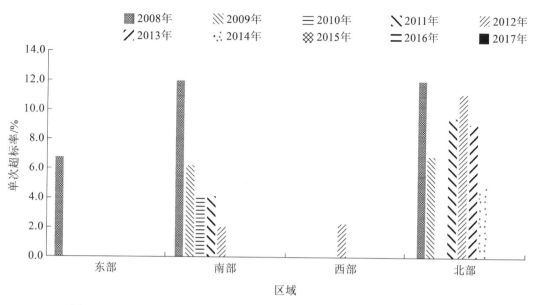

图 2.12　2008～2017 年海南岛各区域近岸海域石油类单次超标率变化

3）化学需氧量

2008～2017 年，海南岛近岸海域化学需氧量年均值为 0.73～1.16 mg/L，单次超标率介于 0%～4.5%。海南国际旅游岛建设十年间，海南岛近岸海域化学需氧量年均值在小范围内略有波动；单次超标率波动较大，2008～2015 年呈 "U" 形变化，2011 年最低，2016年再次降至最低，2017 年有所反弹。详见图 2.13。

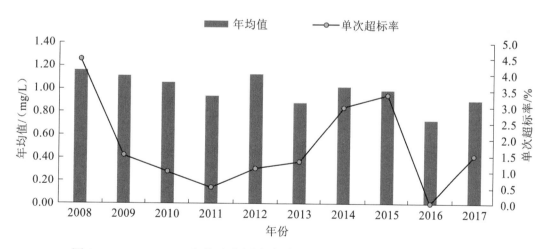

图 2.13　2008～2017 年海南岛近岸海域化学需氧量年均值和单次超标率

海南岛 4 个区域近岸海域中，2008～2015 年东部近岸海域年均值高于其他海域，2016～2017 年 4 个海域年均值大致相同；2008～2010 年东部近岸海域单次超标率明显高于其他海域，西部和北部近岸海域仅 2017 年出现化学需氧量单次超标现象，南部近岸海域无化学需氧量超标现象。东部近岸海域年均值为 0.82～1.81 mg/L，单次超标率介于 0%～11.4%；南部近岸海域年均值为 0.44～1.02 mg/L，无超标现象；西部近岸海域年均值为 0.54～1.26 mg/L，单次超标率介于 0%～0.9%；北部近岸海域年均值为 0.56～0.79 mg/L，单次超标率介于 0%～1.8%。详见图 2.14、图 2.15。

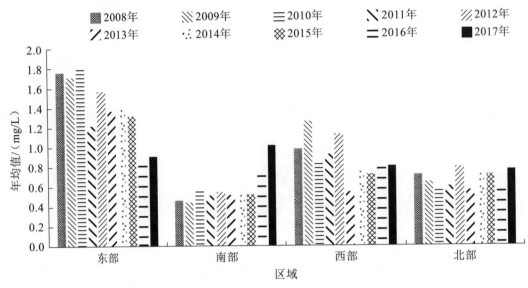

图 2.14　2008～2017 年海南岛各区域近岸海域化学需氧量年均值变化

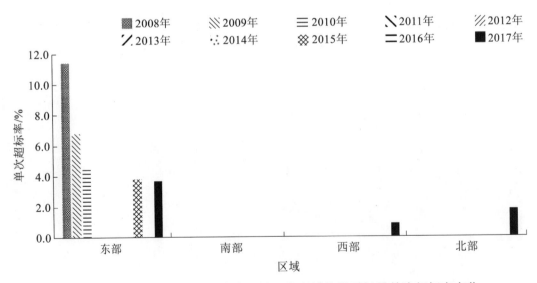

图 2.15　2008～2017 年海南岛各区域近岸海域化学需氧量单次超标率变化

4）活性磷酸盐

2008～2017 年，海南岛近岸海域活性磷酸盐年均值为 0.006～0.012 mg/L，单次超标率介于 0.5%～4.9%。海南国际旅游岛建设十年间，海南岛近岸海域活性磷酸盐年均值在小范围内略有波动，2009 年和 2012 年出现 2 次高值，2013 年后年均值逐年下降；单次超标率基本稳定，仅 2009 年单次超标率略高于其他年份。详见图 2.16。

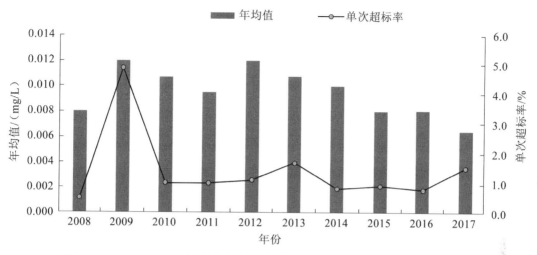

图 2.16　2008～2017 年海南岛近岸海域活性磷酸盐年均值和单次超标率

海南岛 4 个区域近岸海域中，北部近岸海域 2009 年及 2012～2014 年年均值略高于其他海域，其余年份 4 个近岸海域年均值基本一致。东部近岸海域年均值为 0.008～0.013 mg/L，单次超标率介于 0%～4.3%；南部近岸海域年均值为 0.005～0.008 mg/L，单次超标率为 2.9%；西部近岸海域年均值为 0.005～0.013 mg/L，单次超标率介于 0%～4.5%；北部近岸海域年均值为 0.004～0.020 mg/L，单次超标率介于 0%～13.8%。详见图 2.17、图 2.18。

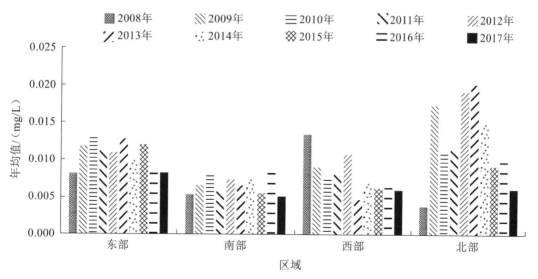

图 2.17　2008～2017 年海南岛各区域近岸海域活性磷酸盐年均值变化

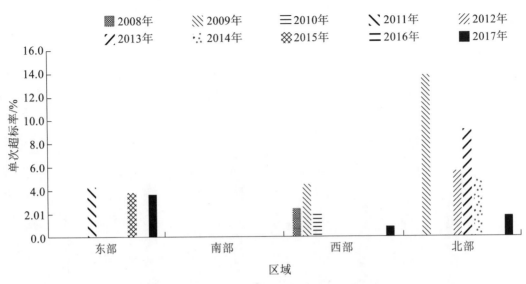

图 2.18　2008～2017 年海南岛各区域近岸海域活性磷酸盐单次超标率变化

5）非离子氨

2008～2017 年，海南岛近岸海域非离子氨年均值为 0.001 9～0.004 8 mg/L。2008～2015 年，海南岛近岸海域非离子氨年均值呈上升趋势，2016 年开始回落；仅 2015 年和 2017 年存在单次超标现象，单次超标率分别为 1.3% 和 0.5%。详见图 2.19。

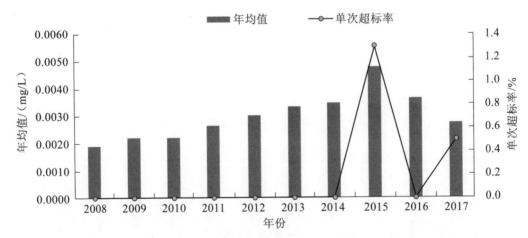

图 2.19　2008～2017 年海南岛近岸海域非离子氨年均值和单次超标率

海南岛 4 个区域近岸海域中，非离子氨年均浓度基本一致，仅 2015 年东部、2016 年北部海域年均浓度略高于同期其他海域；仅东部和南部海域出现单次超标现象。东部近岸海域年均值为 0.001 3～0.007 5 mg/L，单次超标率介于 0%～3.8%；南部近岸海域年均值为 0.001 9～0.004 1 mg/L，单次超标率介于 0%～1.8%；西部近岸海域年均值为 0.001 2～0.002 7 mg/L，无超标现象；北部近岸海域年均值为 0.001 6～0.006 2 mg/L，无超标现象。详见图 2.20、图 2.21。

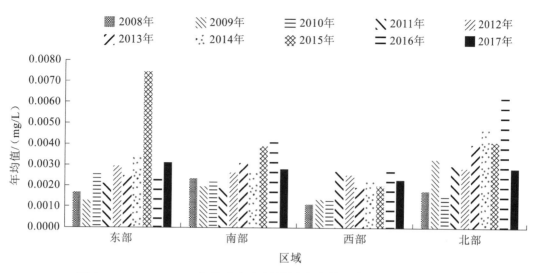

图 2.20 2008~2017 年海南岛各区域近岸海域非离子氨年均值变化

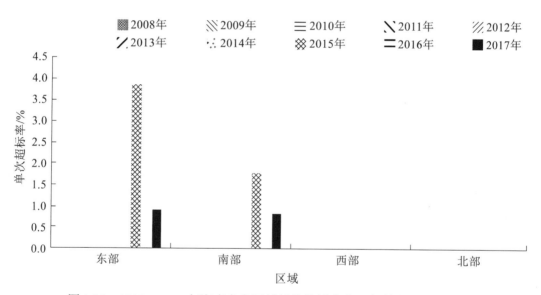

图 2.21 2008~2017 年海南岛各区域近岸海域非离子氨单次超标率变化

6）pH

根据《近岸海域环境监测规范》（HJ 442—2008），pH 不参与主要污染物的确定，但pH 确实对海南岛近岸海域水质类别存在一定影响。2008~2017 年，海南岛近岸海域 pH 年均值为 8.02~8.15，单次超标率介于 0.5%~7.8%。海南国际旅游岛建设十年间，海南岛近岸海域 pH 年均值呈波动性上升趋势；超标率呈波动性下降趋势。详见图 2.22。

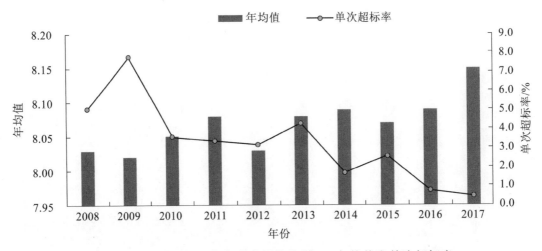

图 2.22　2008～2017 年海南岛近岸海域 pH 年均值和单次超标率

　　海南岛 4 个区域近岸海域中，pH 年均值基本一致；东部近岸海域超标率明显高于其他海域，西部和北部近岸海域仅个别年份存在超标现象。其中，东部近岸海域 pH 年均值为 8.02～8.17，单次超标率介于 1.8%～11.5%；南部近岸海域 pH 年均值为 7.98～8.18，单次超标率介于 0%～7.1%；西部近岸海域 pH 年均值为 7.99～8.13，单次超标率介于 0%～0.6%；北部近岸海域 pH 年均值为 8.00～8.12，单次超标率介于 0%～6.8%。详见图 2.23、图 2.24。

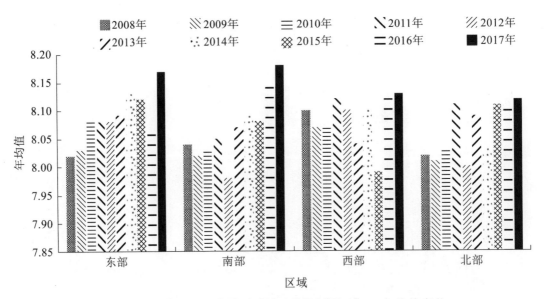

图 2.23　2008～2017 年海南岛各区域近岸海域 pH 年均值变化

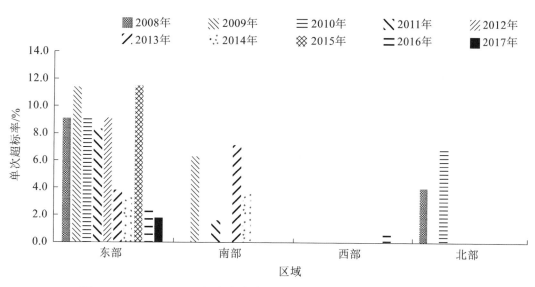

图 2.24　2008～2017 年海南岛各区域近岸海域 pH 单次超标率变化

7）溶解氧

根据《近岸海域环境监测规范》（HJ 442—2008），溶解氧不参与主要污染物的确定，但水体溶解氧含量确实对海南岛近岸海域水质类别存在一定影响。2008～2017 年，海南岛近岸海域溶解氧年均值范围为 6.29～6.74 mg/L，单次超标率介于 0%～2.7%。海南国际旅游岛建设十年间，海南岛近岸海域溶解氧浓度在小范围内略有波动，2009 年、2010 年、2012 年和 2017 年存在单次超标现象。详见图 2.25。

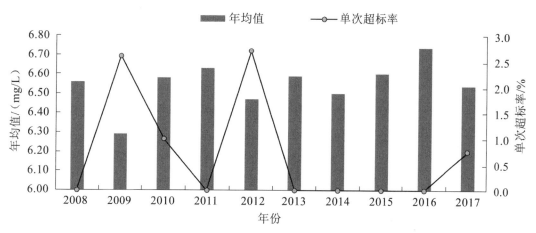

图 2.25　2008～2017 年海南岛近岸海域溶解氧年均值和单次超标率

海南岛 4 个区域近岸海域中，溶解氧年均浓度基本一致；仅南部近岸海域无溶解氧超标现象，其他海域个别年份偶有超标现象。东部近岸海域年均值为 6.29～6.85 mg/L，单次超标率介于 0%～6.8%；南部近岸海域年均值为 6.36～6.97 mg/L，无超标现象；西部近岸海域年均值为 6.20~7.08 mg/L，单次超标率介于 0%~4.5%；北部近岸海域年均值为 5.66~7.03 mg/L，仅 2012 年出现单次超标，超标率为 13.9%。详见图 2.26、图 2.27。

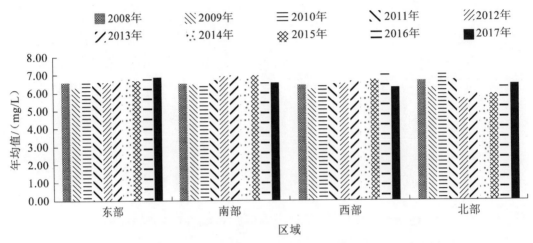

图 2.26　2008~2017 年海南岛各区域近岸海域溶解氧年均值变化

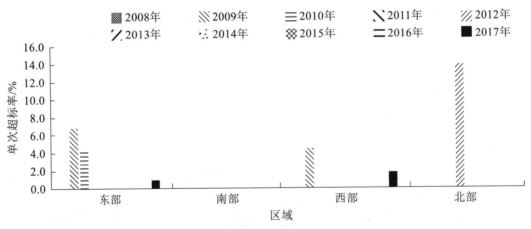

图 2.27　2008~2017 年海南岛各区域近岸海域溶解氧单次超标率变化

2.2　沿海市县

2.2.1　水质状况

2017 年，各沿海市县中，海口市、文昌市、琼海市、陵水县、三亚市、乐东县、东方市、昌江县、临高县和澄迈县 10 个市县水质为优，儋州市和万宁市水质良好。各市县水质均以一类海水为主，一类海水比例介于 55.6%（儋州市）~100%（琼海市、乐东县、东方市、澄迈县）。详见图 2.28。2017 年仅文昌市存在三类海水水质点位，万宁市和海口市存在四类海水水质点位，其余 9 个市县未出现三类、四类海水水质点位。详见表 2.4。

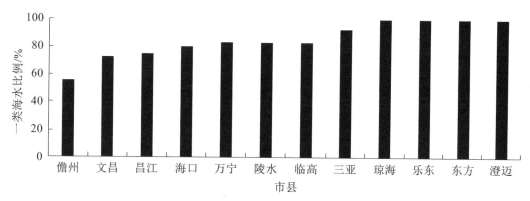

图 2.28　2017 年各沿海市县一类海水比例

表 2.4　2008～2017 年各沿海市县水质类别变化及主要污染物

城市名称	年份	监测点数	一类海水/%	二类海水/%	三类海水/%	四类海水/%	劣四类海水/%	水质状况	主要污染物
海口市	2008	6	28.6	57.1	14.3	0	0	良好	石油类（13.6%）、无机氮（9.1%）、化学需氧量（4.6%）
	2009	6	0	85.7	0	14.3	0	良好	活性磷酸盐（16.0%）、无机氮（8.0%）、石油类（4.0%）
	2010	6	28.6	57.1	14.3	0	0	良好	无机氮（13.9%）
	2011	6	14.3	71.4	0	14.3	0	良好	石油类（11.8%）、无机氮（11.1%）
	2012	6	16.7	66.7	0	16.7	0	良好	石油类（14.3%）、活性磷酸盐（7.1%）
	2013	6	0	83.3	0	16.7	0	良好	活性磷酸盐（12.5%）、石油类（12.5%）
	2014	6	0	83.3	16.7	0	0	良好	活性磷酸盐（6.7%）、无机氮（6.7%）、石油类（6.7%）
	2015	6	0	100	0	0	0	良好	/
	2016	10	0	90.0	10.0	0	0	良好	无机氮（4.8%）
	2017	10	80.0	10.0	0	10.0	0	优	无机氮（7.1%）、活性磷酸盐（2.4%）、化学需氧量（2.4%）
文昌市	2008	6	50.0	16.7	33.3	0	0	一般	化学需氧量（12.5%）、无机氮（8.3%）
	2009	6	33.3	66.7	0	0	0	良好	/
	2010	6	50.0	50.0	0	0	0	良好	/

续表

城市名称	年份	监测点数	一类海水/%	二类海水/%	三类海水/%	四类海水/%	劣四类海水/%	水质状况	主要污染物
文昌市	2011	6	50.0	50.0	0	0	0	良好	/
	2012	6	83.3	16.7	0	0	0	优	/
	2013	6	50.0	50.0	0	0	0	良好	/
	2014	6	100	0	0	0	0	优	/
	2015	6	83.3	0	16.7	0	0	良好	/
	2016	11	100	0	0	0	0	优	/
	2017	11	72.7	18.2	9.1	0	0	优	活性磷酸盐（5.4%）、无机氮（5.4%）、化学需氧量（3.6%）
琼海市	2008	2	100	0	0	0	0	优	/
	2009	2	100	0	0	0	0	优	/
	2010	2	100	0	0	0	0	优	/
	2011	2	100	0	0	0	0	优	/
	2012	2	100	0	0	0	0	优	/
	2013	3	33.3	66.7	0	0	0	良好	无机氮（8.3%）
	2014	3	100	0	0	0	0	优	/
	2015	3	100	0	0	0	0	优	/
	2016	5	100	0	0	0	0	优	/
	2017	5	100	0	0	0	0	优	/
万宁市	2008	3	66.7	0	33.3	0	0	一般	石油类（25.0%）、化学需氧量（16.7%）
	2009	3	33.3	33.3	33.3	0	0	一般	化学需氧量（25.0%）
	2010	3	66.7	0	33.3	0	0	一般	化学需氧量（16.7%）
	2011	3	66.7	0	0	33.3	0	一般	活性磷酸盐（16.7%）
	2012	3	66.7	0	0	0	33.3	一般	无机氮（16.7%）
	2013	4	75.0	25.0	0	0	0	优	/
	2014	4	75.0	25.0	0	0	0	优	/
	2015	4	75.0	0	0	0	25.0	一般	活性磷酸盐（12.5%）、化学需氧量（12.5%）、非离子氨（12.5%）
	2016	6	83.3	0	16.7	0	0	良好	/
	2017	6	83.3	0	0	16.7	0	良好	化学需氧量（6.7%）、活性磷酸盐（3.3%）、无机氮（3.3%）、非离子氨（3.3%）

续表

城市名称	年份	监测点数	一类海水/%	二类海水/%	三类海水/%	四类海水/%	劣四类海水/%	水质状况	主要污染物
陵水县	2008	3	100	0	0	0	0	优	/
	2009	3	100	0	0	0	0	优	/
	2010	3	33.3	66.7	0	0	0	良好	/
	2011	3	100	0	0	0	0	优	/
	2012	3	66.7	33.3	0	0	0	优	/
	2013	4	50.0	50.0	0	0	0	良好	/
	2014	4	100	0	0	0	0	优	/
	2015	4	75.0	25.0	0	0	0	优	/
	2016	6	66.7	33.3	0	0	0	优	活性磷酸盐（11.1%）
	2017	6	83.3	16.7	0	0	0	优	/
三亚市	2008	7	85.7	0	14.3	0	0	良好	石油类（20.0%）
	2009	7	71.4	14.3	14.3	0	0	良好	石油类（10.7%）
	2010	7	85.7	0	14.3	0	0	良好	石油类（7.1%）
	2011	7	85.7	0	14.3	0	0	良好	石油类（7.1%）
	2012	7	85.7	14.3	0	0	0	优	石油类（3.6%）
	2013	8	87.5	0.0	12.5	0	0	良好	无机氮（12.5%）
	2014	8	87.5	12.5	0	0	0	优	/
	2015	8	87.5	12.5	0	0	0	优	/
	2016	14	78.6	21.4	0	0	0	优	/
	2017	14	92.9	7.1	0	0	0	优	无机氮（2.5%）、非离子氨（1.3%）
乐东县	2008	2	50.0	50.0	0	0	0	良好	/
	2009	2	100	0	0	0	0	优	/
	2010	2	100	0	0	0	0	优	/
	2011	2	100	0	0	0	0	优	/
	2012	2	0	100	0	0	0	良好	/
	2013	3	0	100	0	0	0	良好	/
	2014	3	33.3	66.7	0	0	0	良好	/
	2015	3	100	0	0	0	0	优	非离子氨（8.3%）
	2016	3	100	0	0	0	0	优	无机氮（11.1%）
	2017	3	100	0	0	0	0	优	/

续表

城市名称	年份	监测点数	一类海水/%	二类海水/%	三类海水/%	四类海水/%	劣四类海水/%	水质状况	主要污染物
东方市	2008	3	33.3	66.7	0	0	0	良好	/
	2009	3	33.3	66.7	0	0	0	良好	/
	2010	3	66.7	33.3	0	0	0	优	/
	2011	3	33.3	66.7	0	0	0	良好	/
	2012	3	66.7	33.3	0	0	0	优	/
	2013	4	75.0	25.0	0	0	0	优	/
	2014	4	50.0	50.0	0	0	0	良好	/
	2015	4	100	0	0	0	0	优	/
	2016	7	100	0	0	0	0	优	/
	2017	7	100	0	0	0	0	优	/
昌江县	2008	1	100	0	0	0	0	优	/
	2009	1	0	100	0	0	0	良好	/
	2010	1	100	0	0	0	0	优	/
	2011	1	100	0	0	0	0	优	/
	2012	1	100	0	0	0	0	优	/
	2013	3	66.7	33.3	0	0	0	优	/
	2014	3	100	0	0	0	0	优	/
	2015	3	100	0	0	0	0	优	/
	2016	4	100	0	0	0	0	优	/
	2017	4	75.0	25.0	0	0	0	优	/
儋州市	2008	5	20.0	80.0	0	0	0	良好	活性磷酸盐（5.0%）
	2009	5	80.0	20.0	0	0	0	优	/
	2010	5	80.0	20.0	0	0	0	优	活性磷酸盐（5.0%）
	2011	5	60.0	40.0	0	0	0	优	/
	2012	5	80.0	20.0	0	0	0	优	/
	2013	7	100	0	0	0	0	优	/
	2014	7	85.7	14.3	0	0	0	优	/
	2015	7	100	0	0	0	0	优	/
	2016	9	100	0	0	0	0	优	/
	2017	9	55.6	44.4	0	0	0	良好	活性磷酸盐（2.3%）、无机氮（2.3%）、化学需氧量（2.3%）

续表

城市名称	年份	监测点数	一类海水/%	二类海水/%	三类海水/%	四类海水/%	劣四类海水/%	水质状况	主要污染物
临高县	2008	2	50.0	50.0	0	0	0	良好	/
	2009	2	0	50.0	0	50.0	0	差	活性磷酸盐（25.0%）
	2010	2	100	0	0	0	0	优	/
	2011	2	0	100	0	0	0	良好	/
	2012	2	0	100	0	0	0	良好	石油类（12.5%）
	2013	2	100	0	0	0	0	优	/
	2014	2	100	0	0	0	0	优	/
	2015	2	100	0	0	0	0	优	/
	2016	6	100	0	0	0	0	优	/
	2017	6	83.3	16.7	0	0	0	优	/
澄迈县	2008	3	0	100	0	0	0	良好	石油类（25.0%）
	2009	3	100	0	0	0	0	优	石油类（25.0%）
	2010	3	100	0	0	0	0	优	/
	2011	3	100	0	0	0	0	优	/
	2012	3	66.7	33.3	0	0	0	优	/
	2013	3	100	0	0	0	0	优	/
	2014	3	100	0	0	0	0	优	/
	2015	3	66.7	33.3	0	0	0	优	/
	2016	3	33.3	66.7	0	0	0	良好	无机氮（5.6%）
	2017	3	100	0	0	0	0	优	无机氮（7.1%）

注：①根据《近岸海域环境监测规范》（HJ 442—2008），以超标倍数和超标率大小综合确定主要污染物，pH 和溶解氧不作为主要污染物列出；②"/"表示该市县当年无污染物；③括号内数值为污染物单次超标率

2.2.2　变化趋势

1. 各市县水质变化趋势

2008～2017 年，沿海各市县中，琼海市、陵水县、昌江县、儋州市和澄迈县 5 个市县水质最佳，以优为主；三亚市、文昌市、乐东县、东方市和临高县 5 个市县水质以优和良好为主；海口市水质以良好为主；万宁市近岸海域受小海水质影响以一般为主。

1）海口市

2008～2016 年近岸海域水质保持为良好，2017 年由良好上升为优，水质优良率介于 83.3%～100%，2008～2016 年所监测点位以二类海水为主，2017 年以一类海水为主。详见图 2.29。

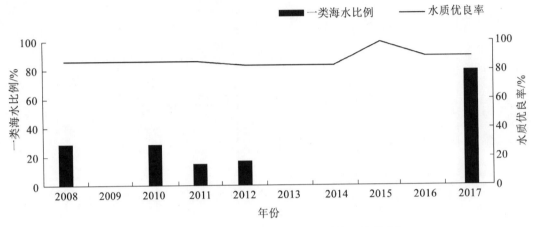

图 2.29　2008～2017 年海口市水质状况趋势图

2）文昌市

2008～2017 年近岸海域水质基本稳定，水质优良率介于 66.7%～100%，2008 年、2015 年、2017 年水质优良率低于 100%，其余年份，优良率均为 100%，且 2014 年以来水质以一类海水为主。详见图 2.30。

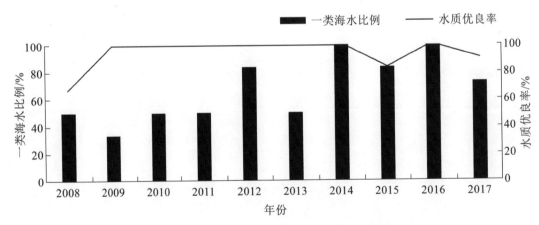

图 2.30　2008～2017 年文昌市水质状况趋势图

3）琼海市

2008～2017 年近岸海域水质以优为主，优良率保持在 100%，仅 2013 年辖区内海域水质出现二类海水，其余年份水质均为一类海水。详见图 2.31。

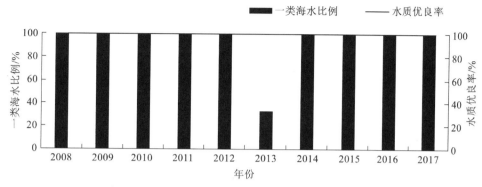

图 2.31　2008～2017 年琼海市水质状况趋势图

4）万宁市

2008～2017 年近岸海域水质略有波动,水质优良率介于 66.7%～100%,仅 2013 年、2014 年水质优良率达到 100%。辖区内海域水质存在两极分化现象,水质以一类海水为主,但个别海域存在污染现象。详见图 2.32。

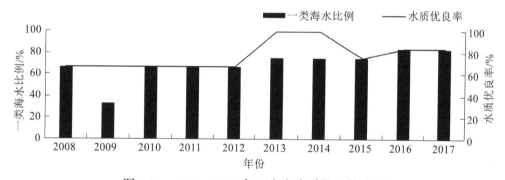

图 2.32　2008～2017 年万宁市水质状况趋势图

5）陵水县

2008～2017 年近岸海域水质持续优良,优良率保持在 100%,但一类海水比例存在波动。详见图 2.33。

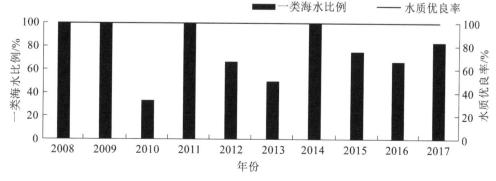

图 2.33　2008～2017 年陵水县水质状况趋势图

6）三亚市

2008～2017 年近岸海域水质波动上升，水质优良率介于 85.7%～100%，2014～2017 年水质优良率保持为 100%。一类海水比例介于 71.4%～92.9%，总体保持稳定。详见图 2.34。

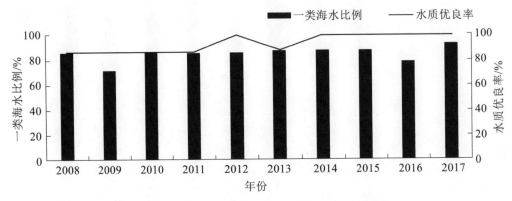

图 2.34　2008～2017 年三亚市水质状况趋势图

7）乐东县

2008～2017 年近岸海域水质持续优良，优良率保持在 100%。一类海水比例存在大幅波动，2008 年一类、二类海水各占 50%，2012～2014 年连续三年水质以二类为主，其余年份水质均为一类。详见图 2.35。

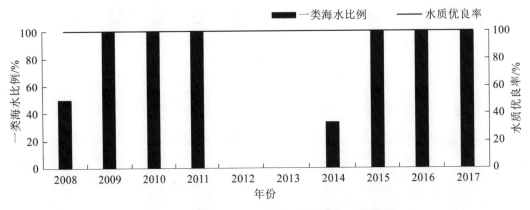

图 2.35　2008～2017 年乐东县水质状况趋势图

8）东方市

2008～2017 年近岸海域水质持续优良，优良率保持在 100%。2008～2014 年一类海水比例存在波动，2015～2017 年水质保持为一类。详见图 2.36。

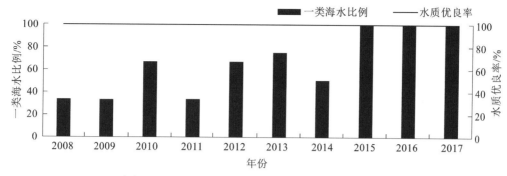

图 2.36 2008~2017 年东方市水质状况趋势图

9）昌江县

2008~2017 年近岸海域水质以优为主，优良率保持在 100%。仅 2009 年、2013 年和 2017 年存在二类水质，其余年份水质均为一类。详见图 2.37。

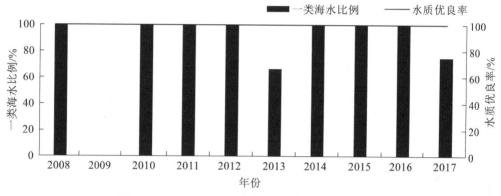

图 2.37 2008~2017 年昌江县水质状况趋势图

10）儋州市

2008~2017 年近岸海域水质持续优良，以优为主，优良率保持在 100%。一类海水比例存在波动，2008 年较低，其余年份一类海水比例均大于 50%。详见图 2.38。

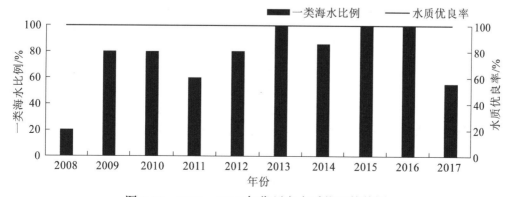

图 2.38 2008~2017 年儋州市水质状况趋势图

11）临高县

2008～2012 年近岸海域水质波动较大，2013～2017 年保持为优，仅 2009 年优良率为 50%，其余年份水质优良率均为 100%。2008～2012 年水质以二类海水为主（2010 年以一类海水为主），2013～2017 年水质以一类海水为主。详见图 2.39。

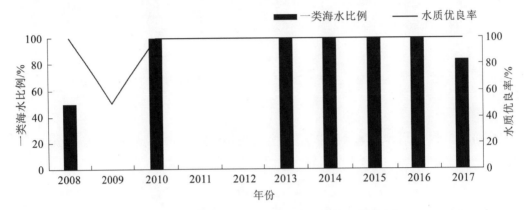

图 2.39　2008～2017 年临高县水质状况趋势图

12）澄迈县

2008～2017 年近岸海域水质持续优良且以优为主，水质优良率保持在 100%。一类海水比例存在波动，2008 年和 2016 年一类海水比例低于 50%，其余年份一类海水比例均高于 50%。详见图 2.40。

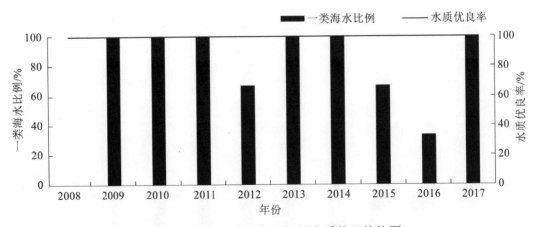

图 2.40　2008～2017 年澄迈县水质状况趋势图

2. 各市县主要污染物变化趋势

2008～2017 年，12 个沿海市县的主要污染物分布情况各有差异，无机氮污染主要出现在海口市；石油类污染主要出现在海口市和早期的三亚市；化学需氧量影响差异较小，但文昌市、万宁市的化学需氧量浓度略高于其他市县；活性磷酸盐影响未见明显差异；非离子氨影响仅个别年份出现在三亚市、万宁市和乐东县,属偶发影响。

1) 无机氮

2008~2017 年,海口市无机氮年均值和单次超标率均较高,临高县、昌江县、东方市、陵水县 4 个市县十年间未出现点位超标现象。沿海各市县中,海口市无机氮年均值为 0.159~0.277 mg/L,单次超标率为 0%~13.9%;澄迈县无机氮年均值为 0.081~0.204 mg/L,单次超标率为 0%~7.1%;临高县无机氮年均值为 0.022~0.152 mg/L,无点位超标;儋州市无机氮年均值为 0.041~0.126 mg/L,单次超标率为 0%~2.3%;昌江县无机氮年均值为 0.014~0.075 mg/L,无点位超标;东方市无机氮年均值为 0.034~0.115 mg/L,无点位超标;文昌市无机氮年均值为 0.028~0.122 mg/L,单次超标率为 0%~8.3%;万宁市无机氮年均值为 0.023~0.266 mg/L,单次超标率为 0%~16.7%;琼海市无机氮年均值为 0.015~0.138 mg/L,单次超标率为 0%~8.3%;陵水县无机氮年均值为 0.021~0.121 mg/L,无点位超标;三亚市无机氮年均值为 0.090~0.111 mg/L,单次超标率为 0%~12.5%;乐东县无机氮年均值为 0.032~0.135 mg/L,单次超标率为 0%~11.1%。详见图 2.41、图 2.42。

2) 石油类

2008~2017 年,三亚市石油类年均值和单次超标率呈明显下降趋势。儋州市、昌江县、东方市、文昌市、琼海市、陵水县、乐东县 7 个市县十年间未出现点位超标现象。沿海各市县中,海口市石油类年均值为 0.006~0.033 mg/L,单次超标率为 0%~14.3%;澄迈县石油类年均值为 0.005~0.026 mg/L,单次超标率为 0%~25.0%;临高县石油类年均值为 0.004~0.026 mg/L,单次超标率为 0%~12.5%;儋州市石油类年均值为 0.005~0.033 mg/L,无点位超标;昌江县石油类年均值为 0.005~0.037 mg/L,无点位超标;东方市石油类年均值为 0.002~0.030 mg/L,无点位超标;文昌市石油类年均值为 0.002~0.016 mg/L,无点位超标;万宁市石油类年均值为 0.005~0.031 mg/L,单次超标率为 0%~25.0%;琼海市石油类年均值为 0.003~0.016 mg/L,无点位超标;陵水县石油类年均值为 0.005~0.021 mg/L,无点位超标;三亚市石油类年均值为 0.006~0.044 mg/L,单次超标率为 0%~20.0%;乐东县石油类年均值为 0.003~0.025 mg/L,无点位超标。详见图 2.43、图 2.44。

3) 化学需氧量

2008~2017 年文昌市化学需氧量年均值略高,万宁市单次超标率较高。三亚市、澄迈县、临高县、昌江县、东方市、琼海市、陵水县、乐东县 8 个市县十年间未出现点位超标现象。沿海各市县中,海口市化学需氧量年均值为 0.29~0.80 mg/L,单次超标率为 0%~4.6%;澄迈县化学需氧量年均值为 0.31~1.91mg/L,无点位超标;临高县化学需氧量年均值为 0.53~1.46 mg/L,无点位超标;儋州市化学需氧量年均值为 0.57~1.36 mg/L,单次超标率为 0%~2.3%;昌江县化学需氧量年均值为 0.28~0.98 mg/L,无点位超标;东方市化学需氧量年均值为 0.46~1.84 mg/L,无点位超标;文昌市化学需氧量年均值为 0.87~2.23 mg/L,单次超标率 0%~12.5%;万宁市化学需氧量年均值为 0.83~1.37 mg/L,单次

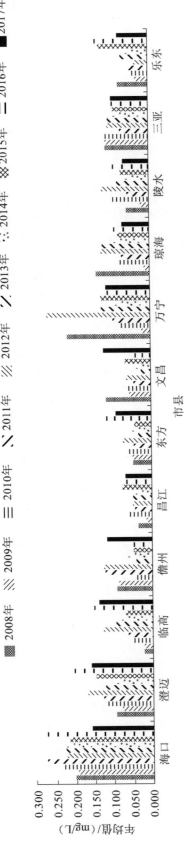

图 2.41 2008～2017年沿海市县近岸海域无机氮年均值变化

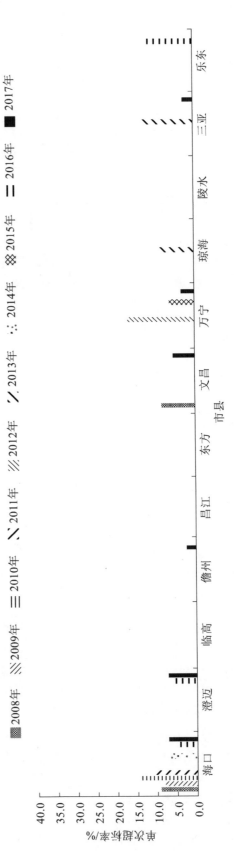

图 2.42 2008～2017年沿海市县近岸海域无机氮单次超标率变化

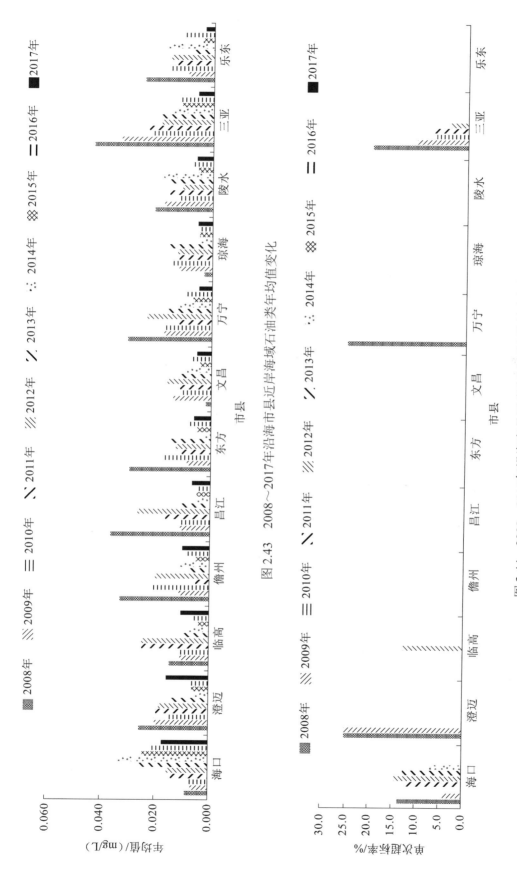

图 2.43　2008~2017 年沿海市县近岸海域石油类年均值变化

图 2.44　2008~2017 年沿海市县近岸海域石油类单次超标率变化

超标率为 0%～25.0%；琼海市化学需氧量年均值为 0.69～1.62 mg/L，无点位超标；陵水县化学需氧量年均值为 0.51～1.05 mg/L，无点位超标；三亚市化学需氧量年均值为 0.57～1.06 mg/L，无点位超标；乐东县化学需氧量年均值为 0.32～1.12 mg/L，无点位超标。详见图 2.45、图 2.46。

4）活性磷酸盐

2008～2017 年，各市县活性磷酸盐年均值总体无明显差异。澄迈县、昌江县、东方市、琼海市、三亚市、乐东县 6 个市县十年间未出现点位超标现象。沿海各市县中，海口市活性磷酸盐年均值为 0.003～0.026 mg/L，单次超标率为 0%～16.0%；澄迈县活性磷酸盐年均值为 0.003～0.012 mg/L，无点位超标；临高县活性磷酸盐年均值为 0.005～0.023 mg/L，单次超标率为 0%～25.0%；儋州市活性磷酸盐年均值为 0.003～0.015 mg/L，单次超标率为 0%～5.0%；昌江县活性磷酸盐年均值为 0.007～0.015 mg/L，无点位超标；东方市活性磷酸盐年均值为 0.003～0.017 mg/L，无点位超标；文昌市活性磷酸盐年均值为 0.007～0.017 mg/L，单次超标率为 0%～5.4%；万宁市活性磷酸盐年均值为 0.008～0.016 mg/L，单次超标率为 0%～16.7%；琼海市活性磷酸盐年均值为 0.001～0.016 mg/L，无点位超标；陵水县活性磷酸盐年均值为 0.002～0.012 mg/L，单次超标率为 0%～11.1%；三亚市活性磷酸盐年均值为 0.005～0.010 mg/L，无点位超标；乐东县活性磷酸盐年均值为 0.003～0.014 mg/L，无点位超标。详见图 2.47、图 2.48。

5）非离子氨

2008～2017 年，沿海各市县非离子氨年均值无明显差异，仅万宁市、乐东县、三亚市存在点位超标现象，其余 9 个市县十年间未出现点位超标现象。沿海各市县中，海口市非离子氨年均值为 0.001 8～0.006 5 mg/L，无点位超标；澄迈县非离子氨年均值为 0.000 7～0.004 8 mg/L，无点位超标；临高县非离子氨年均值为 0.000 4～0.004 6 mg/L，无点位超标；儋州市非离子氨年均值为 0.001 0～0.003 9 mg/L，无点位超标；昌江县非离子氨年均值为 0.000 3～0.002 5 mg/L，无点位超标；东方市非离子氨年均值为 0.000 2～0.003 9 mg/L，无点位超标；文昌市非离子氨年均值为 0.000 8～0.003 5 mg/L，无点位超标；万宁市非离子氨年均值为 0.000 7～0.016 8 mg/L，单次超标率为 0%～12.5%；琼海市非离子氨年均值为 0.000 3～0.005 0 mg/L，无点位超标；陵水县非离子氨年均值为 0.000 8～0.008 4 mg/L，无点位超标；三亚市非离子氨年均值为 0.002 1～0.003 5 mg/L，单次超标率为 0%～1.3%；乐东县非离子氨年均值为 0.000 6～0.007 7 mg/L，单次超标率为 0%～8.3%。详见图 2.49、图 2.50。

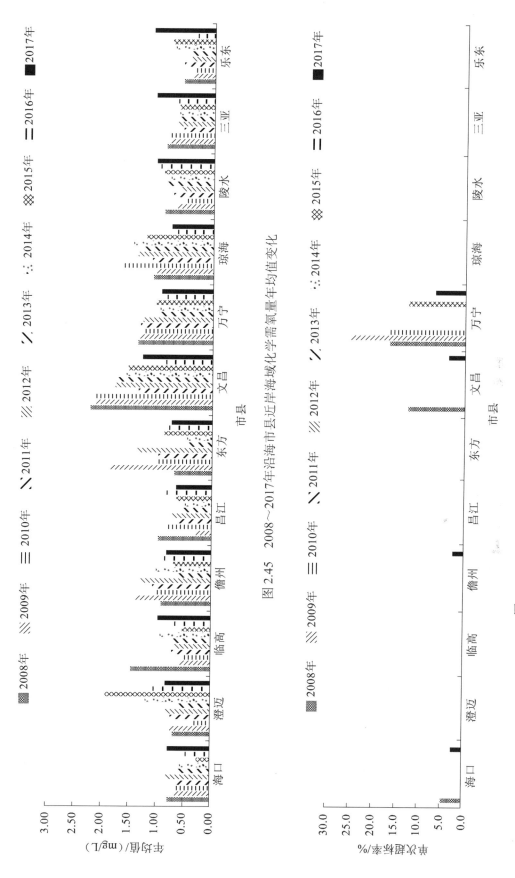

图 2.45 2008～2017年沿海市县近岸海域化学需氧量年均值变化

图 2.46 2008～2017年沿海市县近岸海域化学需氧量单次超标率变化

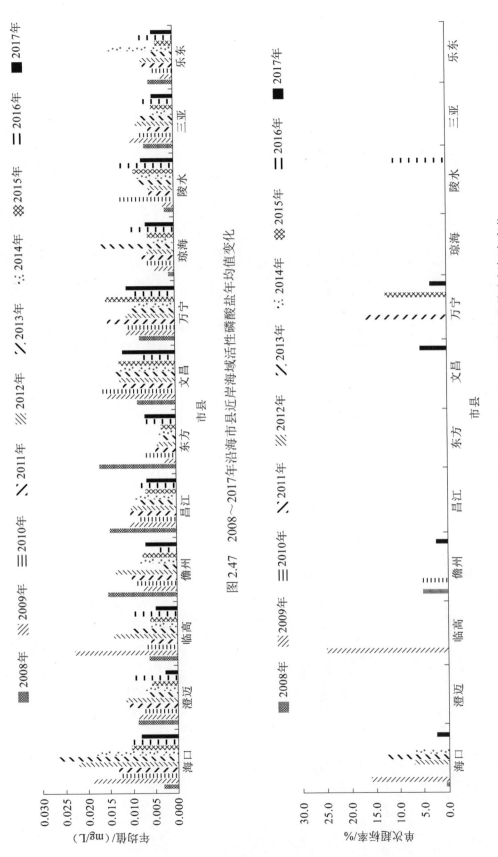

图 2.47　2008～2017年沿海市县近岸海域活性磷酸盐年均值变化

图 2.48　2008～2017年沿海市县近岸海域活性磷酸盐单次超标率变化

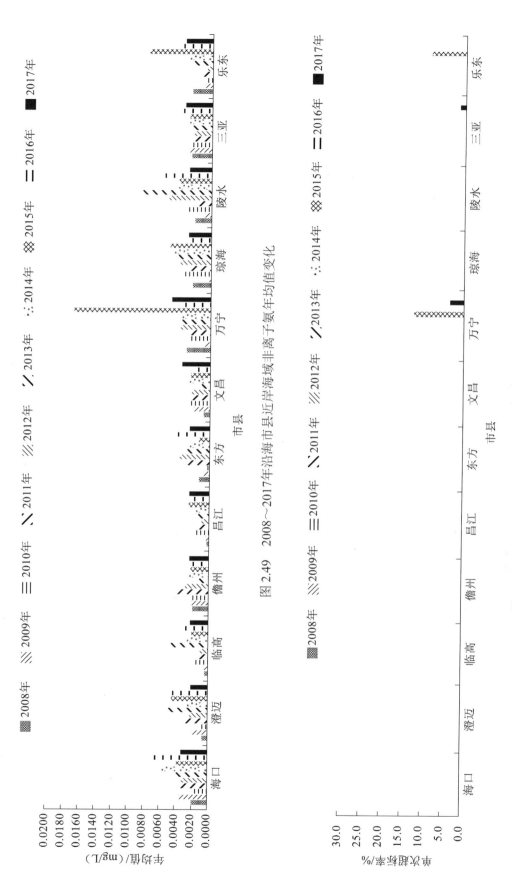

图 2.49 2008～2017年沿海市县近岸海域非离子氨年均值变化

图 2.50 2008～2017年沿海市县近岸海域非离子氨单次超标率变化

2.3 重点海域

本节选取舆论热点关注的海南岛主要滨海旅游区,扩散能力较弱的海湾,受人类活动、陆源污染影响较大的重要港口和工业园区,以及海况复杂的三大流域的河口区近岸海域进行重点分析。分析结果显示,海南岛主要滨海旅游区近岸海域水质保持为优;重点海湾水质受海湾交换能力影响显著,交换能力越差的海湾水质越差;重点港口水质优良率逐年上升;重点工业园区水质保持为一类,工业活动影响不明显;三大流域河口区尽管受氮磷影响,在一定程度上加重了入海口水域的污染负荷,但由于水体的稀释作用和自净作用,河口区近岸海域水质总体保持稳定。

2.3.1 主要滨海旅游区近岸海域

2010 年,为响应国际旅游岛建设方针,宣传海南省环境优势,在原海南省国土环境资源厅领导下,海南省环境监测中心站组织开展主要滨海旅游区近岸海域海水水质监测,监测范围覆盖了 8 个市县 20 个主要滨海旅游区。评价结果显示,2010~2017 年,海南岛主要滨海旅游区水质保持为优,且以一类海水为主,适宜人体直接接触。

1. 水质状况

2017 年,澄迈县、海口市、文昌市、琼海市、万宁市、陵水县、三亚市和昌江县的 20 个主要滨海旅游区近岸海域水质总体为优。按年均值评价,95%的监测海域监测项目符合一类海水水质标准,5%的监测海域监测项目超一类标准但符合二类标准。

2017 年,海南岛主要滨海旅游区开展监测的 9 个监测指标均有检出,活性磷酸盐和无机氮单次检出结果超四类标准限值,pH 和化学需氧量单次检出结果超二类标准限值。影响海南省主要滨海旅游区海水水质的主要污染物为活性磷酸盐、化学需氧量和无机氮。详见表 2.5。

表 2.5 2017 年海南岛主要滨海旅游区监测结果统计

项目	样品数 /个	检出率 /%	平均值*	监测范围*	超一类 标准/%	超二类 标准/%	超三类 标准/%	超四类 标准/%
水温/℃	140	100	26.9	22.1~35.2	0	0	0	0
盐度/‰	140	100	32.7	9.96~34.36	0	0	0	0
溶解氧/（mg/L）	140	100	6.71	5.48~13.80	5	0	0	0
pH	140	100	8.15	7.85~8.65	0.7	0.7	0	0
活性磷酸盐/（mg/L）	140	84.3	0.006	0.001 L~0.084	3.6	0.7	0.7	0.7
化学需氧量/（mg/L）	140	100	0.80	0.16~3.72	3.6	0.7	0	0

续表

项目	样品数/个	检出率/%	平均值*	监测范围*	超一类标准/%	超二类标准/%	超三类标准/%	超四类标准/%
亚硝酸盐氮/（mg/L）	140	100	0.008	0.001～0.053	0	0	0	0
硝酸盐氮/（mg/L）	140	100	0.039	0.001～0.408	0	0	0	0
氨氮/（mg/L）	140	100	0.034 5	0.000 8～0.111 0	0	0	0	0
无机氮/（mg/L）	140	100	0.082	0.014～0.525	7.1	0.7	0.7	0.7
粪大肠菌群/（个/L）	89	43.8	30	20 L～7 000	0	0	0	0
透明度/m	140	100	5.11	0.30～16.00	0	0	0	0

注：*标注平均值与监测范围的单位为项目标注的单位；监测结果低于检出限时，用"最低检出限（数值）+L"表示

2. 变化趋势

1）水质变化趋势

2010～2017 年,海南岛主要滨海旅游区近岸海域水质保持为优,优良率保持为 100%,一类海水比例介于 72.2%（2010 年）～95.0%（2017 年）,呈波动性上升趋势。详见图 2.51、表 2.6。

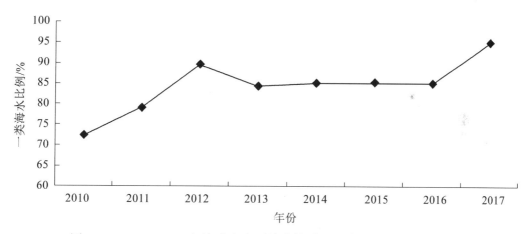

图 2.51　2010～2017 年海南岛主要滨海旅游区近岸海域一类海水比例

表 2.6　2010～2017 年海南岛主要滨海旅游区近岸海域各类海水比例

年份	一类海水比例/%	二类海水比例/%	水质类别	主要污染物
2010	72.2	27.8	优	/
2011	78.9	21.1	优	/
2012	89.5	10.5	优	/
2013	84.2	15.8	优	/
2014	85.0	15.0	优	/

续表

年份	一类海水/%	二类海水/%	水质类别	主要污染物
2015	85.0	15.0	优	/
2016	85.0	15.0	优	/
2017	95.0	5.0	优	活性磷酸盐、化学需氧量、无机氮

注：/ 表示当年无主要污染物

2010～2017 年琼海市博鳌湾，文昌市铜鼓岭、冯家湾，万宁市石梅湾、三亚市亚龙湾、大东海、三亚湾、天涯海角、蜈支洲岛、西岛、海棠湾，陵水县香水湾、清水湾 13 个点位水质历年均保持一类；澄迈县盈滨半岛 2010 年、2011 年水质为二类，文昌市东郊椰林和高隆湾 2010 年水质为二类，昌江县棋子湾 2015 年水质为二类，其余年份水质均为一类；海口市假日海滩、桂林洋和东寨港红树林 3 个点位水质多年以二类为主。详见表 2.7。

表 2.7 主要滨海旅游区近岸海域水质状况表

所在市县	测点名称	年份							
		2010	2011	2012	2013	2014	2015	2016	2017
海口市	假日海滩	二	二	二	二	二	二	二	一
	桂林洋	一	二	一	二	二	二	一	一
	东寨港红树林	二	二	二	二	二	一	一	一
澄迈县	盈滨半岛	二	二	一	一	一	一	一	一
琼海市	博鳌湾	一	一	一	一	一	一	一	一
文昌市	铜鼓岭	一	一	一	一	一	一	一	一
	东郊椰林	二	一	一	一	一	一	一	一
	高隆湾	二	一	一	一	一	一	一	一
	冯家湾	一	一	一	一	一	一	一	一
万宁市	石梅湾	一	一	一	一	一	一	一	一
三亚市	亚龙湾	一	一	一	一	一	一	一	一
	大东海	一	一	一	一	一	一	一	一
	三亚湾	一	一	一	一	一	一	一	一
	天涯海角	一	一	一	一	一	一	一	一
	蜈支洲岛	一	一	一	一	一	一	一	一
	西岛	一	一	一	一	一	一	一	一
	海棠湾	/	一	一	一	一	一	一	一

续表

所在市县	测点名称	年份							
		2010	2011	2012	2013	2014	2015	2016	2017
陵水县	香水湾	一	一	一	一	一	一	一	一
	清水湾	一	一	一	一	一	一	一	一
昌江县	棋子湾	/	/	/	/	一	二	一	一

注：/ 表示该点位当年未开展监测

2）主要污染物变化趋势

2010～2017 年，海南岛主要滨海旅游区近岸海域监测项目均有所检出，活性磷酸盐和无机氮出现单次超四类标准；化学需氧量出现单次超二类标准；溶解氧出现单次超一类标准。按照单次超标率大小确定影响海南省主要滨海旅游区水质的主要污染物依次为无机氮、活性磷酸盐、化学需氧量。详见表 2.8。

表 2.8　2010～2017 年海南岛主要滨海旅游区近岸海域水质监测结果统计

项目	样品数 /个	检出率 /%	平均值*	监测范围*	超一类 标准%	超二类 标准%	超三类 标准%	超四类 标准%
水温/℃	628	100	27.5	19.0～35.2	0	0	0	0
盐度/‰	628	100	32.4	9.96～35.0	0	0	0	0
悬浮物 /（mg/L）	628	86.2	5.0	4.0 L～25.5	0	0	0	0
溶解氧 /（mg/L）	628	100	6.63	5.1～13.8	9.4	0	0	0
pH	628	100	8.09	7.8～8.4	0	0	0	0
活性磷酸盐 /（mg/L）	628	97.1	0.008	0.001 L～0.084	8.3	0.2	0.2	0.2
化学需氧量 /（mg/L）	628	99.5	0.79	0.50 L～3.72	2.7	0.2	0	0
亚硝酸盐氮 /（mg/L）	628	85.7	0.007	0.001 L～0.146	0	0	0	0
硝酸盐氮 /（mg/L）	628	97.6	0.046	0.003 L～0.408	0	0	0	0

续表

项目	样品数/个	检出率/%	平均值*	监测范围*	超一类标准%	超二类标准%	超三类标准%	超四类标准%
氨氮/（mg/L）	628	100	0.037 6	0.000 7～0.187 0	0	0	0	0
无机氮/（mg/L）	628	100	0.090	0.001～0.525	11.2	0.3	0.2	0.2
透明度/m	390	100	4.39	0.3～16.0	0	0	0	0

注：*标注平均值与监测范围的单位为项目标注的单位；监测结果低于检出限时，用"最低检出限（数值）+L"表示

（1）无机氮

2010～2017 年，20 个主要滨海旅游区近岸海域无机氮年均值均未超标，仅东寨港红树林和博鳌湾出现过无机氮浓度单次超二类标准情况。盈滨半岛、假日海滩、桂林洋和东寨港红树林 4 个位于北部近岸海域的滨海旅游区无机氮年均值较高，其余 16 个滨海旅游区无机氮年均值处于极低水平。其中，盈滨半岛的无机氮年均值为 0.107～0.277 mg/L；假日海滩的无机氮年均值为 0.166～0.279 mg/L；桂林洋的无机氮年均值为 0.137～0.289 mg/L；东寨港红树林的无机氮年均值为 0.195～0.288 mg/L，仅 2017 年内出现单次超标，超标率为 20.0%；铜鼓岭的无机氮年均值为 0.015～0.065 mg/L；东郊椰林的无机氮年均值为 0.028～0.093 mg/L；高隆湾的无机氮年均值为 0.027～0.079 mg/L；冯家湾的无机氮年均值为 0.012～0.052 mg/L；博鳌湾的无机氮年均值为 0.050～0.134 mg/L，仅 2013 年内出现单次超标，超标率为 12.5%；石梅湾的无机氮年均值为 0.020～0.062 mg/L；香水湾的无机氮年均值为 0.030～0.082 mg/L；清水湾的无机氮年均值为 0.044～0.098 mg/L；海棠湾的无机氮年均值为 0.062～0.080 mg/L；蜈支洲岛的无机氮年均值为 0.049～0.068 mg/L；亚龙湾的无机氮年均值为 0.039～0.082 mg/L；大东海的无机氮年均值为 0.053～0.122 mg/L；三亚湾的无机氮年均值为 0.064～0.134 mg/L；西岛的无机氮年均值为 0.050～0.080 mg/L；天涯海角的无机氮年均值为 0.064～0.098 mg/L；棋子湾的无机氮年均值为 0.054～0.068 mg/L。详见图 2.52。

（2）化学需氧量

2010～2017 年，20 个主要滨海旅游区近岸海域化学需氧量年均值均未超标，仅东寨港红树林出现过化学需氧量浓度单次超二类标准情况。东郊椰林、高隆湾、冯家湾、铜鼓岭、博鳌湾、东寨港红树林和盈滨半岛 7 个滨海旅游区化学需氧量年均值较高，其余 13 个滨海旅游区化学需氧量年均值处于极低水平。其中，盈滨半岛的化学需氧量年均值为 0.64～1.76 mg/L；假日海滩的化学需氧量年均值为 0.22～0.62 mg/L；桂林洋的化学需氧量年均值为 0.29～0.82 mg/L；东寨港红树林的化学需氧量年均值为 0.66～2.10 mg/L，仅 2017 年内出现单次超标，超标率为 20.0%；铜鼓岭的化学需氧量年均值为 0.48～1.84 mg/L；东郊椰林的化学需氧量年均值为 0.75～2.26 mg/L；高隆湾的化学需氧量年均值为 0.88～

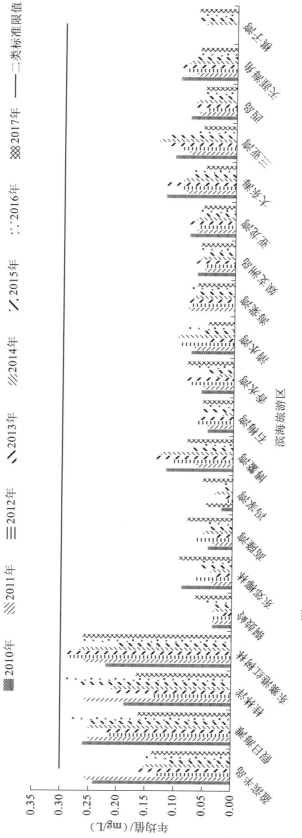

图 2.52 2010～2017年主要滨海旅游区近岸海域无机氮年均值变化

2.05 mg/L；冯家湾的化学需氧量年均值为 0.72～1.88 mg/L；博鳌湾的化学需氧量年均值为 0.54～1.61 mg/L；石梅湾的化学需氧量年均值为 0.34～0.55 mg/L；香水湾的化学需氧量年均值为 0.44～0.78 mg/L；清水湾的化学需氧量年均值为 0.48～0.89 mg/L；海棠湾的化学需氧量年均值为 0.46～0.62 mg/L；蜈支洲岛的化学需氧量年均值为 0.44～0.80 mg/L；亚龙湾的化学需氧量年均值为 0.45～0.75 mg/L；大东海的化学需氧量年均值为 0.49～0.74 mg/L；三亚湾的化学需氧量年均值为 0.51～1.12 mg/L；西岛的化学需氧量年均值为 0.44～0.94 mg/L；天涯海角的化学需氧量年均值范围为 0.45～1.03 mg/L；棋子湾的化学需氧量年均值为 0.46～0.80 mg/L。详见图 2.53。

（3）活性磷酸盐

2010～2017 年，20 个主要滨海旅游区近岸海域活性磷酸盐年均值均未超标，仅东寨港红树林和博鳌湾出现过活性磷酸盐浓度单次超二类标准情况。假日海滩和东寨港红树林活性磷酸盐年均值明显高于其他滨海旅游区，盈滨半岛、桂林洋、铜鼓岭、东郊椰林、高隆湾、冯家湾、博鳌湾 7 个滨海旅游区活性磷酸盐年均值略高，其余 11 个滨海旅游区活性磷酸盐年均值处于极低水平。其中，盈滨半岛的活性磷酸盐年均值为 0.003～0.012 mg/L；假日海滩的活性磷酸盐年均值为 0.003～0.027 mg/L；桂林洋的活性磷酸盐年均值为 0.005～0.018 mg/L；东寨港红树林的活性磷酸盐年均值为 0.009～0.027 mg/L，仅 2017 年出现单次超标，超标率为 20.0%；铜鼓岭的活性磷酸盐年均值为 0.006～0.011 mg/L；东郊椰林的活性磷酸盐年均值为 0.008～0.019 mg/L；高隆湾的活性磷酸盐年均值为 0.007～0.016 mg/L；冯家湾的活性磷酸盐年均值为 0.007～0.013 mg/L；博鳌湾的活性磷酸盐年均值为 0.003～0.014 mg/L，仅 2014 年出现单次超标，超标率为 12.5%；石梅湾的活性磷酸盐年均值为 0.003～0.006 mg/L；香水湾的活性磷酸盐年均值为 0.003～0.008 mg/L；清水湾的活性磷酸盐年均值为 0.004～0.008 mg/L；海棠湾的活性磷酸盐年均值为 0.003～0.005 mg/L；蜈支洲岛的活性磷酸盐年均值为 0.003～0.006 mg/L；亚龙湾的活性磷酸盐年均值为 0.003～0.006 mg/L；大东海的活性磷酸盐年均值为 0.005～0.008 mg/L；三亚湾的活性磷酸盐年均值为 0.005～0.010 mg/L；西岛的活性磷酸盐年均值为 0.004～0.007 mg/L；天涯海角的活性磷酸盐年均值为 0.004～0.008 mg/L；棋子湾的活性磷酸盐年均值为 0.006～0.010 mg/L。详见图 2.54。

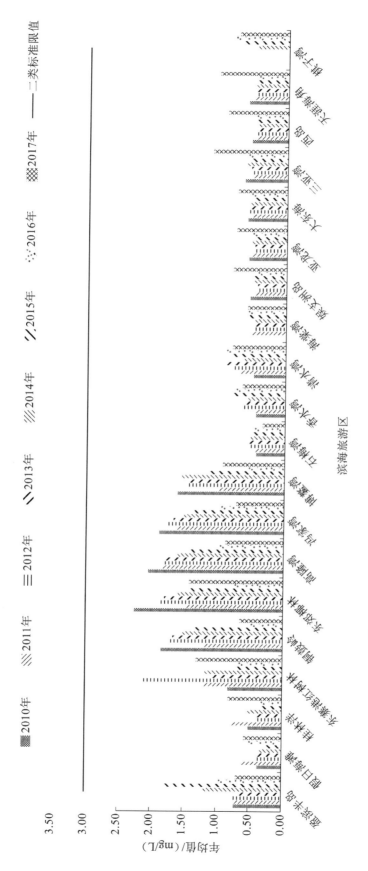

图 2.53　2010~2017年主要滨海旅游区近岸海域化学需氧量年均值变化

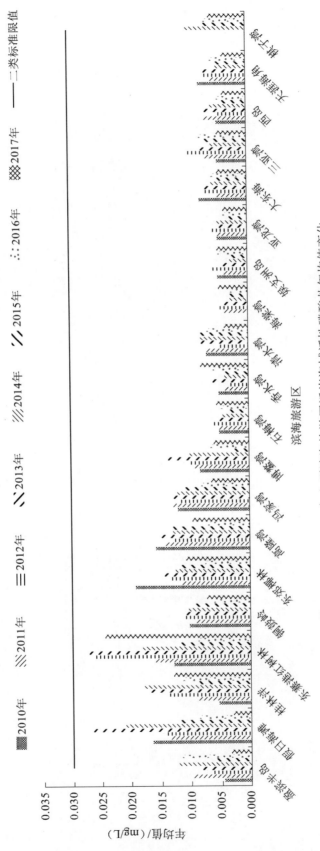

图2.54　2010～2017年主要滨海旅游区近岸海域活性磷酸盐年均值变化

2.3.2　重点海湾

为摸清海南岛受人类活动影响较大、交换能力较弱的重点海湾水质变化趋势,选取沿海 11 个重点海湾已有的近岸海域水质监测点位进行水质分析,结果显示,以旅游活动为主的海湾,水质持续保持为优;以养殖活动为主的海湾受扩散能力及入海河流水质影响,海湾水质波动较大;人口较多的重点滨海城市受城市生活污水影响,海湾水质以良好和一般为主。

1. 水质状况

2017 年海口湾、陵水湾、海棠湾、亚龙湾、三亚湾、后水湾 6 个重点海湾水质为优;崖州湾和新英湾水质良好;铺前湾和八门湾水质一般,小海水质为差。主要污染物均为无机氮、化学需氧量和活性磷酸盐。

2. 变化趋势

1）水质变化趋势

2008～2017 年,陵水湾、海棠湾、亚龙湾、三亚湾 4 个海湾水质始终保持为优。后水湾和崖州湾水质以优为主,仅个别年份水质为良好。详见表 2.9。

表 2.9　2008～2017 年重点海湾水质状况汇总

海湾名称	2008 年	2009 年	2010 年	2011 年	2012 年	2013 年	2014 年	2015 年	2016 年	2017 年
海口湾	良好	良好	良好	良好	良好	一般	一般	良好	一般	优
铺前湾（含东寨港）	优	良好	优	良好	优	良好	良好	良好	良好	一般
八门湾	差	良好	一般	良好	良好	良好	优	一般	优	一般
小海	一般	一般	一般	差	极差	一般	良好	极差	一般	差
陵水湾	优	/	/	优	优	优	优	优	优	优
海棠湾	优	优	优	优	优	优	优	优	优	优
亚龙湾	优	优	优	优	优	优	优	优	优	优
三亚湾	优	优	优	优	优	优	优	优	优	优
崖州湾	优	优	优	优	优	优	良好	优	优	良好
新英湾	优	优	良好	良好	良好	优	优	优	优	良好
后水湾	良好	优	优	优	优	优	优	优	优	优

注: /表示该点位未开展监测

（1）新英湾

水质在优和良好之间波动，2010～2012 年、2017 年水质为良好，其余年份水质均为优。

（2）海口湾

水质在国际旅游岛建设早期为良好，2013～2017 年水质在优至一般之间波动，以一般为主，但 2017 年水质上升为优。影响海口湾海域水质的主要污染物为无机氮、活性磷酸盐和石油类。

（3）铺前湾

水质以良好为主，国际旅游岛建设早期水质在优和良好之间波动，2013～2017 年水质以良好为主，2017 年水质下降为一般。影响铺前湾海域水质的主要污染物为无机氮、活性磷酸盐和化学需氧量。

（4）八门湾

水质波动较大，国际旅游岛建设早期水质以良好为主，个别年份水质为一般或差，2014～2017 年水质在优至一般之间波动。影响八门湾海域水质的主要污染物为无机氮、活性磷酸盐和化学需氧量。

（5）小海

水质波动较大，国际旅游岛建设初期以一般为主，2011 年、2012 年连续两年水质下降，2012 年达到极差，2013 年、2014 年水质略有好转，但 2015 年水质再次出现极差状况，2016 年水质有所改善，2017 年水质再次下降到差。影响小海海域水质的主要污染物为化学需氧量、无机氮和活性磷酸盐。

2）主要污染物变化趋势

2008～2017 年，活性磷酸盐、无机氮、化学需氧量、非离子氨、pH 出现单次监测值超四类标准现象，石油类、溶解氧出现监测值单次超二类标准现象。按照单次超标率大小确定影响海南岛重点海湾水质的主要污染物为无机氮、活性磷酸盐、化学需氧量，无机氮的影响最广泛，活性磷酸盐和化学需氧量的影响程度基本一致。详见表 2.10。

表 2.10　　2008～2017 年重点海湾监测结果统计

项目	样品数/个	检出率/%	平均值*	监测范围*	超一类标准/%	超二类标准/%	超三类标准/%	超四类标准/%
水温/℃	1 071	100.00	27.6	16.7～33.6	0	0	0	0
盐度/‰	1 071	99.91	30.4	2.6 L～35.0	0	0	0	0
悬浮物/（mg/L）	1 071	87.30	6.9	6.0 L～45.6	0	0	0	0

续表

项目	样品数 /个	检出率 /%	平均值*	监测范围*	超一类 标准/%	超二类 标准/%	超三类 标准/%	超四类 标准/%
溶解氧 /（mg/L）	1 071	100.00	6.54	4.30～10.70	15.5	0.8	0	0
pH	1 071	100.00	8.04	7.22～8.82	3.4	3.4	0.1	0.1
活性磷酸盐 /（mg/L）	1 070	96.92	0.001 0	0.001 L～0.091	19.2	1.7	1.7	0.8
化学需氧量 /（mg/L）	1 071	99.91	0.89	0.15 L～6.08	7.2	1.7	0.4	0.3
亚硝酸盐氮 /（mg/L）	1 071	85.99	0.010 3	0.001 L～0.892	0	0	0	0
硝酸盐氮 /（mg/L）	1 071	98.13	0.064 6	0.003 L～0.413	0	0	0	0
氨氮 /（mg/L）	1 071	100.00	0.050 0	0.000 8～0.377 0	0	0	0	0
无机氮 /（mg/L）	1 071	100.00	0.124	0.004～1.100	21.3	2.4	0.8	0.4
石油类 /（mg/L）	1 001	78.42	0.012 9	0.05 L～0.126	0.8	0.8	0	0
汞/（μg/L）	1 064	10.24	0.015	0.040 L～0.084	0.4	0	0	0
铜/（μg/L）	1 059	95.18	1.288	1.60 L～4.86	0	0	0	0
铅/（μg/L）	1 017	80.53	0.445	0.30 L～4.33	3.2	0	0	0
镉/（μg/L）	1 059	53.82	0.079	0.30 L～1.55	0.1	0	0	0
非离子氨 /（mg/L）	1 063	99.53	0.003 3	0.001 0 L～ 0.123 5	0.3	0.3	0.3	0.3

注：*标注平均值与监测范围的单位为项目标注的单位；监测结果低于检出限时，用"最低检出限（数值）+L"表示

（1）无机氮

2008～2017 年，海口湾和铺前湾的无机氮年均值水平较高，小海无机氮年均值各年份波动较大，单次超标率较高。陵水湾、海棠湾、亚龙湾、三亚湾、后水湾 5 个重点海湾十年间未出现点位超标现象。各海湾中，海口湾无机氮年均值为 0.166～0.286 mg/L，单次超标率为 0%～16.7%；铺前湾无机氮年均值为 0.141～0.273 mg/L，单次超标率为 0%～

11.1%；八门湾无机氮年均值为 0.046～0.215 mg/L，单次超标率为 0%～33.3%；小海无机氮年均值为 0.024～0.612 mg/L，单次超标率为 0%～66.7%；陵水湾无机氮年均值为 0.041～0.107 mg/L，无点位超标；海棠湾无机氮年均值为 0.052～0.084 mg/L，无点位超标；亚龙湾无机氮年均值为 0.039～0.086 mg/L，无点位超标；三亚湾无机氮年均值为 0.060～0.099 mg/L，无点位超标；崖州湾无机氮年均值为 0.067～0.128 mg/L，单次超标率为 0%～11.1%；新英湾无机氮年均值为 0.025～0.199 mg/L，单次超标率为 0%～33.3%；后水湾无机氮年均值为 0.024～0.096 mg/L，无点位超标。详见图 2.55。

（2）化学需氧量

2008～2017 年，八门湾和小海的化学需氧量年均值水平和单次超标率均较高。海口湾、陵水湾、海棠湾、亚龙湾、三亚湾、崖州湾和后水湾 7 个重点海湾十年间未出现点位超标现象。各海湾中，海口湾化学需氧量年均值为 0.26～0.62 mg/L，无点位超标；铺前湾化学需氧量年均值为 0.42～1.15 mg/L，单次超标率为 0%～11.1%；八门湾化学需氧量年均值为 1.50～3.83 mg/L，单次超标率为 0%～50.0%；小海化学需氧量年均值为 1.92～3.10 mg/L，单次超标率为 0%～75.0%；陵水湾化学需氧量年均值为 0.49～0.86 mg/L，无点位超标；海棠湾化学需氧量年均值为 0.40～0.90 mg/L，无点位超标；亚龙湾化学需氧量年均值为 0.46～0.82 mg/L，无点位超标；三亚湾的化学需氧量年均值为 0.42～1.25 mg/L，无点位超标；崖州湾化学需氧量年均值为 0.39～1.05 mg/L，无点位超标；新英湾化学需氧量年均值为 0.58～1.67 mg/L，单次超标率为 0%～33.3%；后水湾化学需氧量年均值为 0.47～1.22 mg/L，无点位超标。详见图 2.56。

（3）活性磷酸盐

2008～2017 年，小海和八门湾的活性磷酸盐年均值水平较高，小海单次超标率较高，八门湾和新英湾次之。陵水湾、海棠湾、亚龙湾、三亚湾、崖州湾和后水湾 6 个重点海湾十年间未出现点位超标现象。各海湾中，海口湾活性磷酸盐年均值为 0.001～0.027 mg/L，单次超标率为 0%～25.0%；铺前湾活性磷酸盐年均值为 0.005～0.019 mg/L，单次超标率为 0%～11.1%；八门湾活性磷酸盐年均值为 0.011～0.027 mg/L，单次超标率为 0%～33.3%；小海活性磷酸盐年均值为 0.009～0.050 mg/L，单次超标率为 0%～50.0%；陵水湾活性磷酸盐年均值为 0.003～0.008 mg/L，无点位超标；海棠湾活性磷酸盐年均值为 0.004～0.010 mg/L，无点位超标；亚龙湾活性磷酸盐年均值为 0.003～0.008 mg/L，无点位超标；三亚湾活性磷酸盐年均值为 0.004～0.007 mg/L，无点位超标；崖州湾活性磷酸盐年均值为 0.004～0.008 mg/L，无点位超标；新英湾活性磷酸盐年均值为 0.002～0.020 mg/L，单次超标率为 0%～33.3%；后水湾活性磷酸盐年均值为 0.003～0.016 mg/L，无点位超标。详见图 2.57。

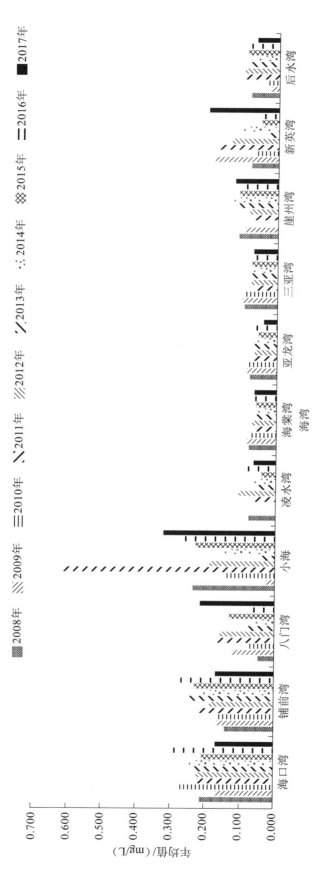

图2.55　2008～2017年重点海湾近岸海域无机氮年均值变化

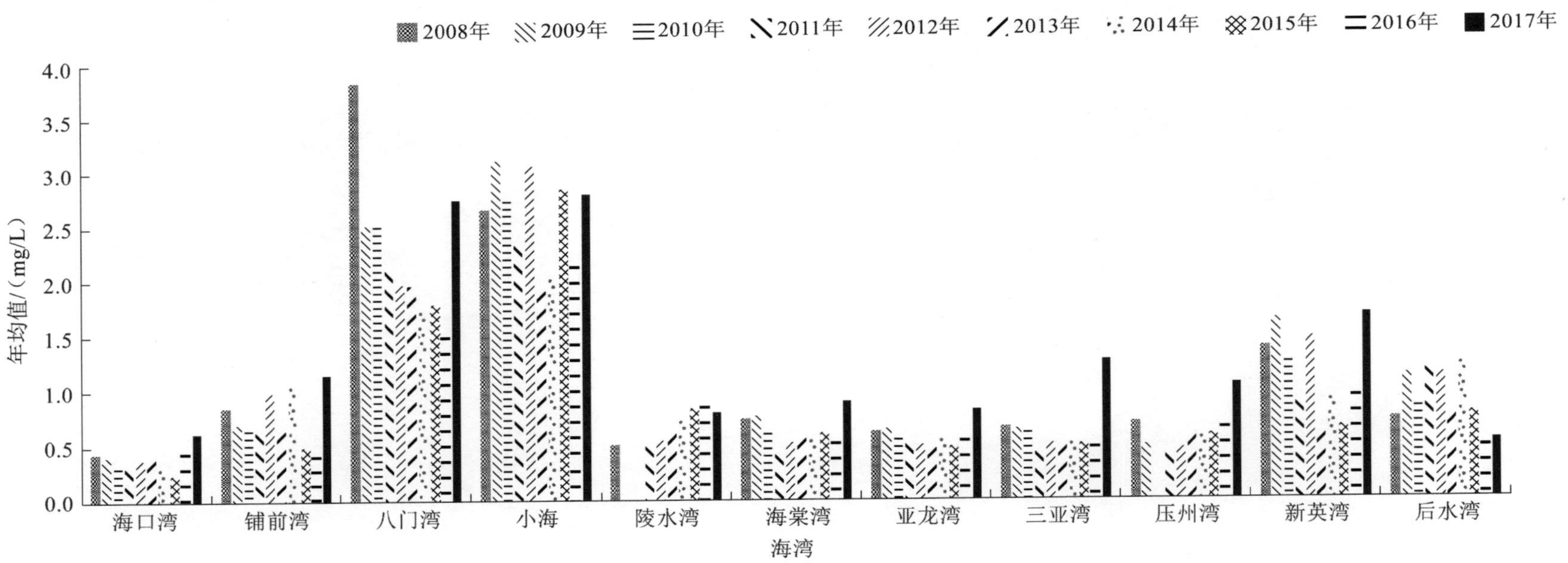

图2.56　2008～2017年重点海湾近岸海域化学需氧量氧量年均值变化

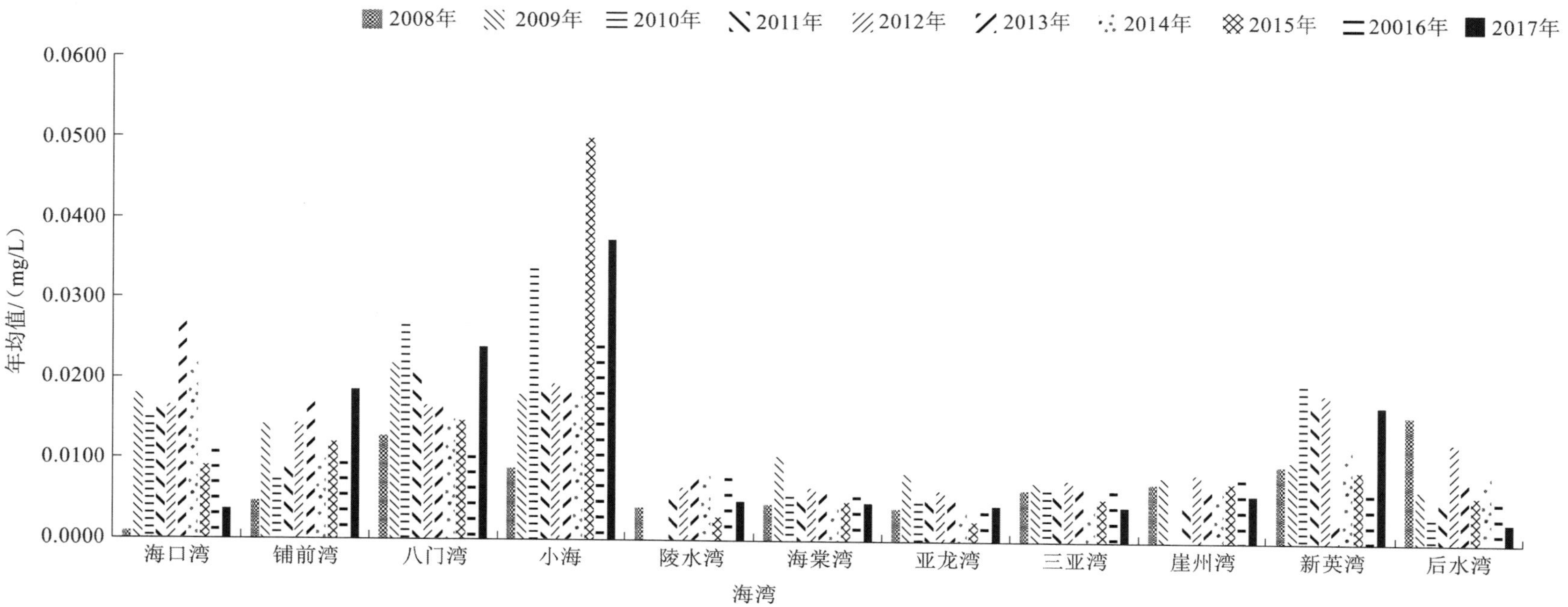

图2.57　2008～2017年重点海湾近岸海域活性磷酸盐年均值变化

2.3.3　重要港口

为摸清海南岛船舶吞吐量较大的港口水质变化趋势，选取沿海 8 个重要港口监测点位着重研究，进行水质分析，结果显示，重点港口水质总体呈上升趋势。

1. 水质状况

2017 年，海南省 8 个重要港口水质优良率为 100%，其中，秀英港、潭门渔港、榆林港、三亚港、八所港、马村港 6 个港口水质为一类；洋浦港和清澜港水质为二类。

2. 变化趋势

1）水质变化趋势

2008～2017 年，海南岛近岸海域 8 个重要港口水质优良率介于 40.0%～100.0%，呈波动性上升趋势。污染水体主要出现在海口市秀英港和三亚市三亚港，文昌市清澜港和三亚市榆林港个别年份水质出现污染。详见表 2.11 和图 2.58。

表 2.11　2008～2017 年重要港口水质状况汇总

测点名称	年份									
	2008	2009	2010	2011	2012	2013	2014	2015	2016	2017
秀英港	三	四	三	四	四	四	三	二	三	一
清澜港	三	二	二	二	一	二	二	二	二	二
潭门渔港	/	/	/	/	/	二	二	一	一	一
榆林港	/	/	/	三	一	二	二	一	一	一
三亚港	三	三	三	三	二	三	二	一	一	一
八所港	二	一	一	二	一	一	一	一	一	一
洋浦港	/	/	/	二	一	一	一	一	一	一
马村港	二	一	一	一	一	一	一	一	二	一
水质优良率/%	40.0	60.0	60.0	57.1	85.7	75.0	87.5	100.0	87.5	100.0

注：/ 表示该点位当年未开展监测

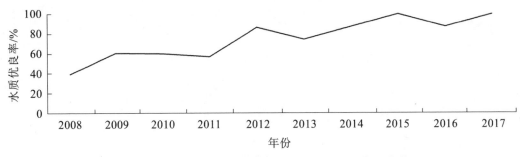

图 2.58　2008～2017 年重要港口水质优良率变化趋势

2）主要污染物变化趋势

2008～2017 年，活性磷酸盐、化学需氧量、非离子氨出现单次监测值超四类标准，无机氮出现单次超三类标准，石油类、溶解氧和 pH 出现单次超二类标准，按照单次超标率大小确定影响海南省重要港口水质的主要污染物为石油类、无机氮、活性磷酸盐，其中，无机氮和石油类的影响最广泛，活性磷酸盐的影响程度基本一致。详见表 2.12。

表 2.12　2008～2017 年重要港口水质监测结果统计表

项目	样品数/个	检出率/%	平均值*	监测范围*	超一类标准/%	超二类标准/%	超三类标准/%	超四类标准/%
水温/℃	299	100.0	27.2	16.0～35.8	0	0	0	0
盐度/‰	298	100.0	30.6	2.1～40.2	0	0	0	0
悬浮物/（mg/L）	300	100.0	9.3	1.0～35.0	0	0	0	0
溶解氧/（mg/L）	300	100.0	6.44	4.60～9.80	19.0	1.3	0	0
pH	300	100.0	8.03	7.50～8.45	3.0	3.0	0	0
活性磷酸盐/（mg/L）	300	94.3	0.012	0.003 L～0.049	23.0	5.7	5.7	0.7
化学需氧量/（mg/L）	300	99.3	1.12	0.15 L～5.66	8.3	0.3	0.3	0.3
亚硝酸盐氮/（mg/L）	300	96.3	0.013	0.001 L～0.066	0	0	0	0
硝酸盐氮/（mg/L）	300	97.3	0.072	0.003 L～0.346	0	0	0	0
氨氮/（mg/L）	300	100.0	0.063 2	0.002 0～0.272 0	0	0	0	0
无机氮/（mg/L）	300	100.0	0.149	0.003～0.466	32.0	9.0	3.0	0
石油类/（mg/L）	292	91.4	0.025 7	0.0035 L～0.220 0	14.4	14.4	0	0
非离子氨/（mg/L）	298	98.0	0.003 73	0.001 00 L～0.029 00	0.3	0.3	0.3	0.3

注：*标注平均值与监测范围的单位为项目标注的单位；监测结果低于检出限时，用"最低检出限（数值）+L"表示

（1）石油类

2008～2017 年，秀英港、榆林港和三亚港均存在年均值超标现象，其余港口均未出现年均值超标现象。各港口中，秀英港石油类年均值为 0.014～0.085 mg/L，单次超标率为 0%～100%；清澜港石油类年均值为 0.003～0.022 mg/L，无点位超标；潭门渔港石油类年均值为 0.004～0.008 mg/L，无点位超标；榆林港石油类年均值为 0.013～0.114 mg/L，单次超标率为 0%～100%；三亚港石油类年均值为 0.005～0.133 mg/L，单次超标率为 0%～100%；八所港石油类年均值为 0.002～0.029 mg/L，无点位超标；洋浦港石油类年均值为 0.003～0.027 mg/L，无点位超标；马村港石油类年均值为 0.004～0.030 mg/L，无点位超标。详见图 2.59、图 2.60。

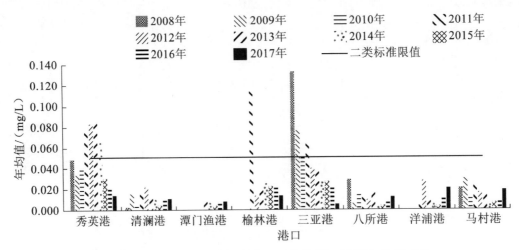

图 2.59　2008～2017 年重点港口近岸海域石油类年均值变化

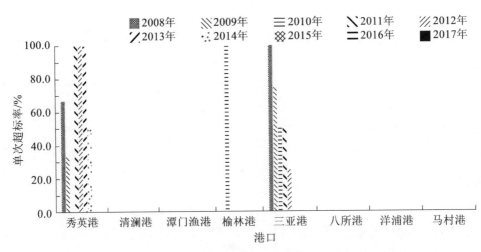

图 2.60　2008～2017 年重点港口近岸海域石油类单次超标率变化

（2）无机氮

2008～2017 年，秀英港和三亚港的无机氮浓度水平较高，个别年份存在年均值超二类标准限值的情况。潭门渔港、榆林港、八所港、洋浦港 4 个重点港口十年间未出现点位超标现象。各港口中，秀英港无机氮年均值为 0.171～0.410 mg/L，单次超标率为 0%～100.0%；清澜港无机氮年均值为 0.032～0.212 mg/L，单次超标率为 0%～33.3%；潭门渔港无机氮年均值为 0.039～0.169 mg/L，无点位超标；榆林港无机氮年均值为 0.081～0.221 mg/L，无点位超标；三亚港无机氮年均值为 0.194～0.308 mg/L，单次超标率为 0%～100%；八所港无机氮年均值为 0.036～0.121 mg/L，无点位超标；洋浦港无机氮年均值为0.018～0.164 mg/L，无点位超标；马村港无机氮年均值为 0.074～0.205 mg/L，单次超标率为 0%～16.7%。详见图 2.61、图 2.62。

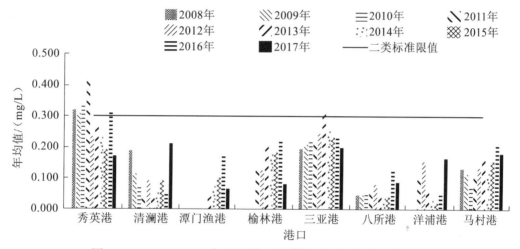

图 2.61　2008～2017 年重点港口近岸海域无机氮年均值变化

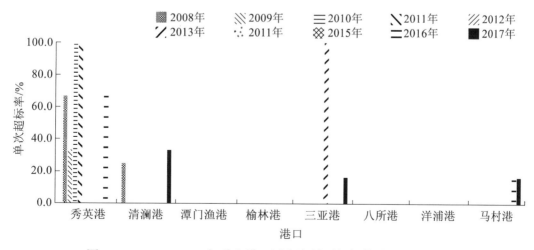

图 2.62　2008～2017 年重点港口近岸海域无机氮单次超标率变化

（3）活性磷酸盐

2008～2017 年，仅秀英港存在年均值超标，其余港口均未出现年均值超标现象。各港口中，秀英港活性磷酸盐年均值为 0.001 8～0.043 5 mg/L，2014 年后年均值逐年递减，单次超标率为 0%～100%；清澜港活性磷酸盐年均值为 0.005 5～0.027 0 mg/L，单次超标率为 0%～33.3%；潭门渔港活性磷酸盐年均值为 0.009 0～0.024 0 mg/L，单次超标率为 0%～50.0%；榆林港活性磷酸盐年均值为 0.003 7～0.013 3 mg/L，无点位超标；三亚港活性磷酸盐年均值为 0.004 3～0.015 3 mg/L，无点位超标；八所港活性磷酸盐年均值为 0.002 2～0.019 0 mg/L，无点位超标；洋浦港活性磷酸盐年均值为 0.002 5～0.017 0 mg/L，无点位超标；马村港活性磷酸盐年均值为 0.004 7～0.013 5 mg/L，无点位超标。详见图 2.63。

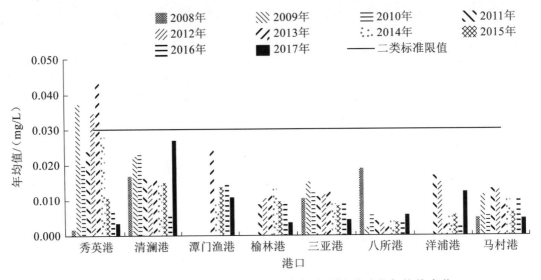

图 2.63　2008～2017 年重点港口近岸海域活性磷酸盐年均值变化

2.3.4　重点工业园区近岸海域

2009 年，为响应国际旅游岛建设方针，密切关注重点工业园区近岸海域水质状况，海南省对洋浦经济开发区、东方工业园区和老城经济开发区三大重点工业园区启动了近岸海域海水水质监测。评价结果显示，2009～2017 年，海南岛重点工业园区近岸海域水质保持为优，各监测点位监测项目年均值始终保持一类。2015 年起，针对各工业园区产业特征，在洋浦经济开发区近岸海域增测铅、砷、苯系物和卤代烃等特征污染物，东方工业园区增测特征污染物甲醇。监测期间，铅、砷有所检出，但未出现超标情况，苯系物、卤代烃和甲醇均未检出，可见工业活动对重点工业园区近岸海域水质影响不明显。

1. 水质状况

2017 年，洋浦经济开发区、东方工业园区和老城经济开发区三大工业园区近岸海域水质总体为优，三大工业园区近岸海域开展监测的 9 个监测指标基本均有检出，仅溶解氧和无机氮出现单次检出结果超一类标准的情况,其余常规监测指标均符合一类标准;特征污染指标砷符合一类标准,铅出现单次检出结果超一类标准的情况,苯系物、卤代烃和甲醇均未检出。详见表2.13。

表2.13　2017年海南省重点工业园区近岸海域监测结果统计表

项目	样品数/个	检出率/%	平均值*	监测范围*	超一类标准/%	超二类标准/%
水温/℃	112	100	28.1	22.4~31.3	0	0
盐度/‰	112	100	32.3	26.3~34.5	0	0
悬浮物/(mg/L)	106	100	5.6	2.4~9.0	0	0
溶解氧/(mg/L)	112	100	6.57	5.76~8.22	6.2	0
pH	112	100	8.14	7.96~8.28	0	0
活性磷酸盐/(mg/L)	105	100	0.005 1	0.001~0.011	0	0
化学需氧量/(mg/L)	112	100	0.64	0.34~1.19	0	0
亚硝酸盐氮/(mg/L)	112	100	0.005 4	0.001~0.035	0	0
硝酸盐氮/(mg/L)	112	100	0.043 1	0.014~0.176	0	0
氨氮/(mg/L)	112	100	0.050	0.000 3~0.087 0	0	0
无机氮/(mg/L)	112	100	0.099	0.043~0.272	6.2	0
石油类/(mg/L)	93	100	0.006	0.001~0.018	0	0
铅/(μg/L)	50	84	0.534	0.014 L~2.410	16.0	0
砷/(μg/L)	50	100	1.63	0.90~2.40	0	0
透明度/m	86	100	2.62	1.00~6.20	0	0
甲醇/(mg/L)	16	0	0.40 L	0.40 L~0.40 L	0	0
三氯甲烷/(μg/L)	25	0	0.40 L	0.40 L~0.40 L	0	0
四氯化碳/(μg/L)	25	0	0.40 L	0.40 L~0.40 L	0	0
1,2-二氯乙烷/(μg/L)	25	0	0.40 L	0.40 L~0.40 L	0	0
三溴甲烷/(μg/L)	25	0	0.50 L	0.50 L~0.50 L	0	0
六氯丁二烯/(μg/L)	25	0	0.40 L	0.40 L~0.40 L	0	0
苯/(μg/L)	25	0	0.40 L	0.40 L~0.40 L	0	0
甲苯/(μg/L)	25	0	0.30 L	0.30 L~0.30 L	0	0
乙苯/(μg/L)	25	0	0.30 L	0.30 L~0.30 L	0	0
二甲苯/(μg/L)	25	0	0.50 L	0.50 L~0.50 L	0	0

续表

项目	样品数/个	检出率/%	平均值*	监测范围*	超一类标准/%	超二类标准/%
苯乙烯/（μg/L）	25	0	0.20 L	0.20 L～0.20 L	0	0
异丙苯/（μg/L）	25	0	0.30 L	0.30 L～0.30 L	0	0
氯乙烯/（μg/L）	25	0	0.50 L	0.50 L～0.50 L	0	0
1,1-二氯乙烯/（μg/L）	25	0	0.40 L	0.40 L～0.40 L	0	0
二氯甲烷/（μg/L）	25	0	0.50 L	0.50 L～0.50 L	0	0
1,2-二氯乙烯/（μg/L）	25	0	0.30 L	0.30 L～0.30 L	0	0
氯丁二烯/（μg/L）	13	0	0.50 L	0.50 L～0.50 L	0	0

注：*标注平均值与监测范围的单位为项目标注的单位；监测结果低于检出限时，用"最低检出限（数值）+L"表示

2．变化趋势

1）水质变化趋势

2009～2017 年，重点工业园区近岸海域水质保持为一类，无明显变化。详见表 2.14。

表 2.14　2009～2017 年海南省重点工业园区近岸海域水质状况统计表

工业园区名称	年份								
	2009	2010	2011	2012	2013	2014	2015	2016	2017
老城经济开发区	一	一	一	一	一	一	一	一	一
东方市工业园区	一	一	一	一	一	一	一	一	一
洋浦经济开发区	一	一	一	一	一	一	一	一	一

2）主要污染物变化趋势

2009～2017 年，重点工业园区近岸海域年度水质类别均为一类。本节就无机氮、活性磷酸盐、化学需氧量、石油类 4 个海南岛近岸海域超标较多的污染项目及特征污染物开展分析，结果显示，三大重点工业园区近岸海域中无机氮、活性磷酸盐、化学需氧量、石油类、铅、砷均处于较低水平，苯系物、卤代烃和甲醇均未检出。

（1）无机氮

2009～2017 年，三大重点工业园区无机氮年均值均处于较低水平，无单次超标现象。各工业园区中，老城经济开发区无机氮年均值为 0.047～0.161 mg/L；东方工业园区无机氮年均值为 0.024～0.087 mg/L；洋浦经济开发区无机氮年均值为 0.026～0.106 mg/L。详见图 2.64。

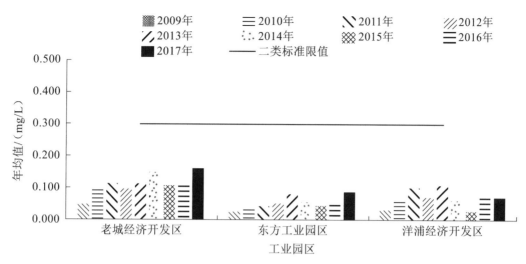

图 2.64　2009～2017 年重点工业园区近岸海域无机氮年均值变化

（2）化学需氧量

2009～2017 年，三大重点工业园区化学需氧量年均值均处于较低水平，无单次超标现象。各工业园区中，老城经济开发区化学需氧量年均值为 0.34～0.80 mg/L；东方工业园区化学需氧量年均值为 0.37～0.63 mg/L；洋浦经济开发区化学需氧量年均值为 0.33～0.77 mg/L。详见图 2.65。

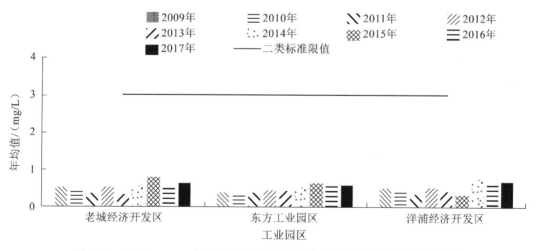

图 2.65　2009～2017 年重点工业园区近岸海域化学需氧量年均值变化

（3）活性磷酸盐

2009～2017 年，三大重点工业园区活性磷酸盐年均值均处于较低水平，无单次超标现象。各工业园区中，老城经济开发区活性磷酸盐年均值为 0.005 7～0.011 9 mg/L；东方工业园区活性磷酸盐年均值为 0.003 1～0.007 0 mg/L；洋浦经济开发区活性磷酸盐年均值为 0.003 5～0.006 8 mg/L。详见图 2.66。

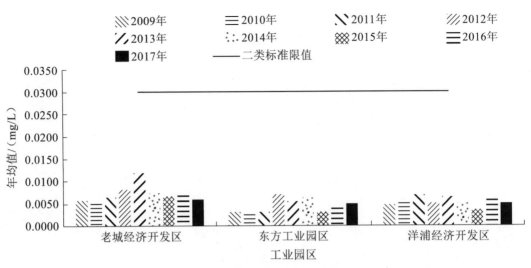

图 2.66　2009～2017 年重点工业园区近岸海域活性磷酸盐年均值变化

（4）石油类

2009～2017 年，三大重点工业园区石油类年均值均处于较低水平，无单次超标现象。各工业园区中，老城经济开发区石油类年均值为 0.002～0.026 mg/L；东方工业园区石油类年均值为 0.004～0.024 mg/L；洋浦经济开发区石油类年均值为 0.003～0.020 mg/L。详见图 2.67。

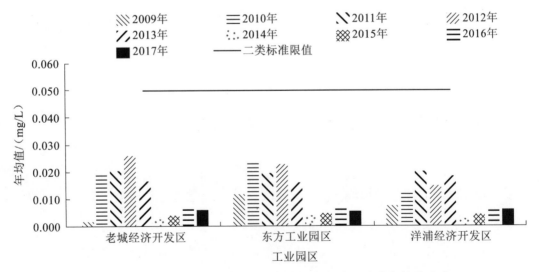

图 2.67　2009～2017 年重点工业园区近岸海域石油类年均值变化

（5）特征污染物

2015～2017 年，洋浦经济开发区近岸海域铅的平均浓度分别为 0.000 587 mg/L、0.000 201 mg/L 和 0.000 534 mg/L，远低于一类标准限值（0.001 mg/L）。洋浦经济开发区近岸海域砷的平均浓度分别为 0.000 78 mg/L、0.000 85 mg/L 和 0.001 63 mg/L，远低于一类

标准限值（0.020 mg/L）。洋浦经济开发区近岸海域中苯系物、卤代烃均未检出。东方工业园区近岸海域中甲醇未检出。

2.3.5　三大河口近岸海域

"问题在水里，根子在岸上"，近岸海域污染大部分来自陆源污染，入海河流和入海排污口是陆源污染物入海主要途径。为此，海南省在南渡江、万泉河、昌化江三大河流入海口近岸海域设置监测点位，开展水质监测。监测结果显示，2008～2017 年，南渡江、万泉河、昌化江三大河流入海口近岸海域水质总体保持稳定。

1. 水质现状

2017 年，南渡江、万泉河、昌化江三大河流入海口近岸海域水质均为优。

2. 变化趋势

1）2008～2017 年水质变化趋势

2008～2017 年，海南省三大河流入海口近岸海域水质保持优良，其中，南渡江入海口（三连村）水质以二类为主，万泉河入海口（博鳌湾）和昌化江入海口（昌化港口区）水质以一类为主。详见表 2.15。

表 2.15　2008～2017 年三大河口近岸海域水质状况汇总

测点名称	年份									
	2008	2009	2010	2011	2012	2013	2014	2015	2016	2017
三连村	二	二	二		二	二	二	二	二	一
博鳌湾	一	一	一	一	二	一	一			
昌化港口区	一	二	一	一	一	一	一			

2）2008～2017 年主要污染物变化趋势

2008～2017 年，三大河口近岸海域监测项目年均值均达到或优于《海水水质标准》（GB 3097—1997）二类标准限值。仅无机氮和溶解氧存在单次超标现象，本节就无机氮、活性磷酸盐、化学需氧量、石油类 4 个海南岛近岸海域超标较多的污染项目进行分析，结果显示，南渡江入海口无机氮水平略高，万泉河入海口化学需氧量水平略高，其余项目未见明显差异。详见表 2.16。

表 2.16　2008～2017 年三大河口近岸海域水质监测结果统计表

项目	样品数/个	检出率/%	平均值*	监测范围*	超一类标准/%	超二类标准/%	超三类标准/%	超四类标准/%
水温/℃	167	100.0	27.2	18.9～32.3	0	0	0	0

项目	样品数/个	检出率/%	平均值*	监测范围*	超一类标准/%	超二类标准/%	超三类标准/%	超四类标准/%
盐度/‰	165	100.0	32.0	19.2～35.0	0	0	0	0
悬浮物/（mg/L）	167	97.6	8.1	4.0 L～67.0	0	0	0	0
溶解氧/（mg/L）	167	100.0	6.5	4.8～8.0	20.4	1.8	0	0
pH	167	100.0	8.06	7.80～8.36	0	0	0	0
活性磷酸盐/（mg/L）	167	92.2	0.010	0.001 L～0.030	21.0	0	0	0
化学需氧量/（mg/L）	167	100.0	0.71	0.16～1.82	0	0	0	0
亚硝酸盐氮/（mg/L）	167	96.4	0.011	0.001 L～0.146	0	0	0	0
硝酸盐氮/（mg/L）	167	98.2	0.083	0.003 L～0.282	0	0	0	0
氨氮/（mg/L）	167	100.0	0.0459	0.002 0～0.178 0	0	0	0	0
无机氮/（mg/L）	167	100.0	0.140	0.006～0.339	29.9	1.8	0	0
石油类/（mg/L）	158	63.9	0.05L	0.05 L～0.05 L	0	0	0	0
汞/（μg/L）	166	7.2	0.018	0.040 L～0.051	0.6	0	0	0
铜/（μg/L）	167	93.4	1.286	1.000 L～5.010	0.6	0	0	0
铅/（μg/L）	167	80.8	0.457	0.300 L～2.400	3.6	0	0	0
镉/（μg/L）	167	74.8	0.071	0.300 L～0.882	0	0	0	0
非离子氨/（mg/L）	165	98.8	0.002 87	0.001 00 L～0.009 00	0	0	0	0

注：*标注平均值与监测范围的单位为项目标注的单位；监测结果低于检出限时，用"最低检出限（数值）+L"表示

（1）无机氮

2008～2017 年，南渡江入海口（三连村）近岸海域无机氮年均值处于较高水平，昌化江入海口（昌化港口区）近岸海域无机氮处于较低水平。其中，南渡江入海口（三连村）近岸海域无机氮年均值为 0.152～0.282 mg/L，单次超标率为 0%～12.5%；万泉河入海口（博鳌湾）近岸海域无机氮年均值为 0.016～0.174 mg/L，单次超标率为 0%～25.0%；昌化江入海口（昌化港口区）无机氮年均值为 0.014～0.090 mg/L，无点位超标。详见图 2.68。

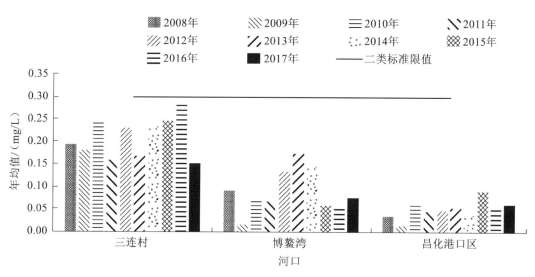

图 2.68 2008～2017 年三大河口近岸海域无机氮年均值变化

（2）化学需氧量

2008～2017 年，万泉河入海口（博鳌湾）近岸海域化学需氧量年均值略高于其他 2 个河口，但仍处于较低水平，三大河口近岸海域均无单次超标现象。其中，南渡江入海口（三连村）近岸海域化学需氧量年均值为 0.20～0.70 mg/L；万泉河入海口（博鳌湾）近岸海域化学需氧量年均值为 0.48～1.55 mg/L；昌化江入海口（昌化港口区）化学需氧量年均值为 0.28～0.98 mg/L。详见图 2.69。

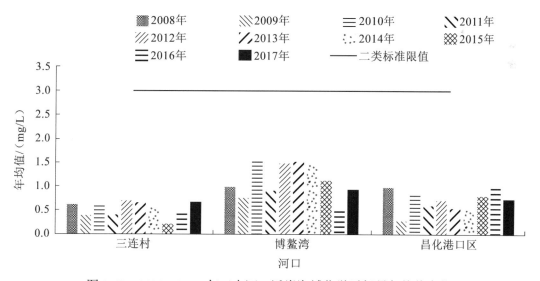

图 2.69 2008～2017 年三大河口近岸海域化学需氧量年均值变化

（3）活性磷酸盐

2008～2017 年，三大河口近岸海域活性磷酸盐年均值均处于较低水平，无单次超标现象。其中，南渡江入海口（三连村）近岸海域活性磷酸盐年均值为 0.001～0.025 mg/L；万泉河入海口（博鳌湾）近岸海域活性磷酸盐年均值为未检出～0.019 mg/L；昌化江入海口（昌化港口区）活性磷酸盐年均值为 0.007～0.015 mg/L。详见图 2.70。

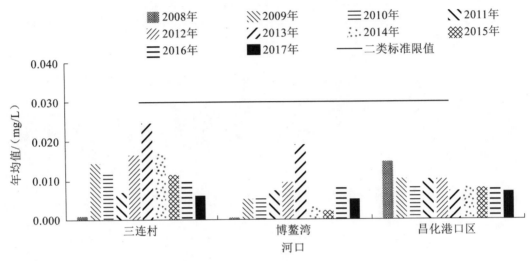

图 2.70　2008～2017 年三大河口近岸海域活性磷酸盐年均值变化

（4）石油类

2008～2017 年，三大河口近岸海域石油类年均值均处于较低水平，无单次超标现象。其中，南渡江入海口（三连村）近岸海域石油类年均值为 0.002～0.026 mg/L；万泉河入海口（博鳌湾）近岸海域石油类年均值为 0.004～0.020 mg/L；昌化江入海口（昌化港口区）近岸海域石油类年均值为 0.003～0.037 mg/L。详见图 2.71。

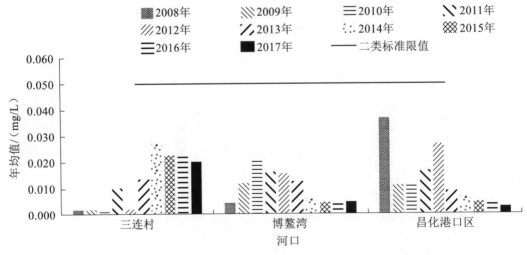

图 2.71　2008～2017 年三大河口近岸海域石油类年均值变化

2.4　小　结

　　海南国际旅游岛建设十年间,海南岛近岸海域水环境质量总体为优,部分交换能力较弱的海湾港口水质出现污染。2017 年,海南岛近岸海域水质优良率为 96.4%,东南西北 4 个区域近岸海域水质均为优。12 个沿海市县中,仅儋州市和万宁市近岸海域水质为良好,其余 10 个沿海市县水质为优。文昌市清澜红树林自然保护区、海口市东寨港红树林自然保护区和万宁市小海,因水体交换能力较弱,加之陆源污染带来的影响,水质出现污染,污染物以无机氮、化学需氧量和活性磷酸盐为主,未见重金属污染。

　　海南国际旅游岛建设十年间,海南岛重点海域水质状况总体为优,个别海域水质受到一定污染。2017 年,三大工业园区近岸海域和三大河流入海口近岸海域水质均为优;20 个主要滨海旅游区水质以优为主,仅海口市东寨港红树林水质为良好;8 个重点港口水质以优为主,仅洋浦港和清澜港水质良好;12 个重点海湾水质基本优良,仅铺前湾和八门湾水质一般,小海水质为差。主要污染物均为无机氮、化学需氧量和活性磷酸盐。

　　海南国际旅游岛建设十年间,海南岛近岸海域水质总体不断优化,个别海域水质存在波动。2008~2017 年,海南岛近岸海域水质总体不断优化,国际旅游岛建设早期水质为良好,自 2012 年以来水质持续为优,且优良率总体呈上升趋势,个别年份略有波动。海南岛 4 个区域近岸海域中,东部近岸海域水质总体保持优良,但小海、八门湾等局部海域水质出现恶化;南部近岸海域水质保持优良,三亚港、榆林港水质逐渐好转;西部近岸海域水质总体为优;北部近岸海域水质总体良好,秀英港水质逐渐好转。

　　海南国际旅游岛建设十年间,海南岛近岸海域主要污染物以氮磷污染和有机污染为主,不同海域污染物略有差异。2008~2017 年,海南岛近岸海域主要污染物为无机氮、石油类、化学需氧量和活性磷酸盐,各年份主要污染物略有不同。海南岛 4 个区域近岸海域中,不同区域间主要污染物存在差异,相同区域不同年份主要污染物也略有不同。东部近岸海域以化学需氧量影响为主;南部海域早期以石油类影响为主;北部海域以无机氮、活性磷酸盐和石油类影响为主;西部海域各项污染物均低于其他海域。

　　海南国际旅游岛建设十年间,海南岛主要污染物浓度基本保持稳定,个别污染物年均浓度有所下降。2008~2017 年,海南岛近岸海域无机氮年均值在小范围内波动,单次超标率波动性下降;石油类年均值和单次超标率均呈波动性下降趋势;化学需氧量年均值在小范围内波动,单次超标率波动性较大,近年有所反弹;活性磷酸盐年均值 2013 年后持续下降,单次超标率保持低水平波动。

　　海南国际旅游岛建设十年间,沿海市县所辖海域水质存在明显差异。2008~2017 年,12 个沿海各市县中,琼海市、陵水县、昌江县、儋州市和澄迈县 5 个市县水质最佳,以优为主;三亚市、文昌市、乐东县、东方市和临高县 5 个市县水质以优和良好为主;海口市水质以良好为主;万宁市近岸海域受小海水质影响以一般为主。

　　海南国际旅游岛建设十年间,主要滨海旅游区水质保持为优。2010~2017 年,海南岛主要滨海旅游区水质保持为优,且以一类海水为主,适宜人体直接接触。一类海水比例介于 72.2%(2010 年)～95.0%(2017 年),呈波动性上升趋势。开展监测的主要滨海旅游区近岸海域无机氮、活性磷酸盐、化学需氧量年均值均未超标,万宁市至昌江县的 11 个主要滨海旅游区各项监测指标年均值均处于极低水平,仅东寨港红树林和博鳌湾出现过无机氮、化学需氧量、活性磷酸盐单次超标现象。

海南国际旅游岛建设十年间,11 个重点海湾水质基本优良,个别海湾水质波动较大。2008～2017 年,陵水湾、海棠湾、亚龙湾、三亚湾 4 个海湾水质始终保持为优。后水湾和崖州湾水质以优为主,仅个别年份水质良好。新英湾早期水质以良好为主,近 5 年水质以优为主,但 2017 年水质下降为良好。海口湾、铺前湾、八门湾和小海水质波动较大。2008～2017 年影响海南省重点海湾水质的主要污染物为无机氮、化学需氧量、活性磷酸盐和石油类,其中,无机氮的影响最广泛,石油类的影响最小,活性磷酸盐和化学需氧量的影响程度基本一致。

海南国际旅游岛建设十年间,8 个重点港口水质基本优良,秀英港和三亚港水质有所好转。2008～2017 年,海南岛近岸海域 8 个重要港口水质优良率介于 40.0%～100.0%,呈波动性上升趋势。污染水体主要出现在海口市秀英港和三亚市三亚港,文昌市清澜港和三亚市榆林港个别年份出现污染现象。2008～2017 年影响海南省重点港口水质的主要污染物为无机氮、化学需氧量、活性磷酸盐和石油类,其中,无机氮和石油类的影响最广泛,活性磷酸盐和化学需氧量的影响程度基本一致。

海南国际旅游岛建设十年间,三大重点工业园区近岸海域水质保持为优,工业活动影响不明显。2009～2017 年,海南岛重点工业园区近岸海域水质保持为优,各监测点位年均值始终保持一类,受工业活动影响不明显。无机氮、活性磷酸盐、化学需氧量、石油类等常规监测项目均处于较低水平。特征污染物铅、砷虽有检出,但年均值均处于极低水平,卤代烃、苯系物和甲醇均未检出。

海南国际旅游岛建设十年间,三大河口近岸海域水质总体保持稳定。仅无机氮存在单次超标现象,活性磷酸盐、化学需氧量、石油类均处于较低水平,无单次超标。

第 *3* 章 近岸海域沉积物质量状况

3.1 总体情况

2008～2017 年，海南岛近岸海域按照《近岸海域环境监测规范》（HJ 442—2008）开展沉积物质量监测，2008 年、2011 年、2013 年、2015 年和 2017 年各开展 1 次监测，共监测 5 次。评价结果显示，2008～2017 年，海南岛近岸海域沉积物保持优良，且以一类为主。

海南岛 4 个区域近岸海域中，南部近岸海域（三亚市、陵水县、乐东县）沉积物质量最佳，各监测点位沉积物质量历年监测结果均为一类；西部近岸海域（临高县、儋州市、东方市、昌江县）仅临高近岸 2013 年沉积物质量为二类，其余点位历年监测结果均为一类；东部近岸海域（文昌市、琼海市、万宁市）2013 年沉积物质量以二类为主，其余监测年度沉积物质量均为一类；北部近岸海域（海口市、澄迈县）沉积物质量优良，但个别监测点位自 2013 年监测结果以二类为主。

沿海各市县中，三亚市、陵水县、儋州市、东方市、昌江县、乐东县 6 个市县沉积物质量最佳，监测结果均为一类；琼海市、文昌市、万宁市、临高县 4 个市县仅 2013 年出现二类沉积物，其余监测年份沉积物质量均为一类；海口市近岸海域沉积物质量以一类为主，仅天尾角在 2013 年、2015 年出现二类沉积物；澄迈县近岸海域自 2013 年沉积物以二类为主。

根据《近岸海域环境监测规范》（HJ 442—2008）9.2.7 沉积物质

量评价方法,海南岛近岸海域沉积物历年监测结果均达到或优于二类,沉积物质量优良,未受污染。本章仅就个别超一类标准限值的监测因子进行浓度变化分析,不再做污染物浓度分析,本章中出现的超标率均为超一类标准的比例。

3.2 沉积物质量状况

3.2.1 沉积物质量

2017 年,开展 34 个近岸海域监测点位沉积物质量监测。海南岛近岸海域沉积物质量优良,94.3%的监测海域沉积物质量为一类,5.7%的监测海域沉积物质量为二类。

海南岛 4 个区域近岸海域中,东部、南部和西部近岸海域沉积物质量优良,全部监测点位沉积物质量为一类;北部近岸海域沉积物质量为二类。

沿海 12 个市县中,海口市、文昌市、琼海市、万宁市、陵水县、三亚市、东方市、昌江县、儋州市和临高县 10 个市县近岸监测海域沉积物环境质量优良,所有监测点位沉积物质量均为一类;澄迈县近岸海域沉积物质量一般,澄迈县桥头金牌和马村港近岸监测海域沉积物质量为二类。

3.2.2 监测因子浓度分析

2017 年,海南岛近岸海域沉积物中,多氯联苯和六六六均未检出;油类、砷、铜、锌、镉、铅、有机碳、滴滴涕、硫化物、总汞、大肠菌群和粪大肠菌群 12 个项目虽有检出,但单次监测值未超一类标准;铬出现个别点位监测值超一类标准。详见表 3.1。

表 3.1 2017 年海南岛近岸海域沉积物质量监测结果统计

项目	样品数/个	检出率/%	平均值*	监测范围*	超一类标准/%	超二类标准/%
铬/(mg/kg)	32	100	39.9	10.5~92.6	6.2	0
油类/(mg/kg)	32	100	6.58	0.30~22.2	0	0
砷/(mg/kg)	32	100	8.17	1.55~17.0	0	0
铜/(mg/kg)	32	100	12.4	2.4~22.2	0	0
锌/(mg/kg)	32	100	55.4	13.4~86.8	0	0
镉/(mg/kg)	32	100	0.068	0.022~0.173	0	0
铅/(mg/kg)	32	100	22	11.8~32.2	0	0
总汞/(mg/kg)	32	93.75	0.023	0.004 L~0.058	0	0
有机碳/%	32	100	0.459	0.030~1.09	0	0

续表

项目	样品数/个	检出率/%	平均值*	监测范围*	超一类标准/%	超二类标准/%
硫化物/（mg/kg）	32	71.88	6.6	0.3 L～91.9	0	0
多氯联苯/（μg/kg）	31	0	0.336 L	0.336 L	0	0
六六六/（μg/kg）	32	0	0.130 L	0.130 L	0	0
滴滴涕/（μg/kg）	32	65.62	0.931	0.150 L～9.28	0	0
大肠菌群/（个/g）	32	40.62	14	2 L～200	0	0
粪大肠菌群/（个/g）	32	34.38	3	2 L～20	0	0

注：*标注平均值与监测范围的单位为项目标注的单位；监测结果低于检出限时，用"最低检出限（数值）+L"表示

　　铬监测值介于 10.5～92.6 mg/kg，海南岛近岸海域均值为 39.9 mg/kg，远低于一类标准限值（80 mg/kg），澄迈县近岸海域水质受铬影响较大，桥头金牌和马村港年均值分别超一类标准 0.16 倍和 0.14 倍，海南岛其余监测点位年均值均低于一类标准限值。各市县近岸海域沉积物受铬影响程度略有不同，平均浓度均低于一类标准限值，澄迈县近岸海域沉积物受铬影响最大，平均浓度为 92.0 mg/kg；万宁市近岸海域沉积物受铬影响最小，平均浓度为 15.2 mg/kg。海南岛 4 个区域近岸海域中，铬浓度从高到低依次为北部、东部、西部、南部。

3.3　变 化 趋 势

3.3.1　质量变化趋势

　　2008～2017 年，海南岛近岸海域沉积物质量保持为优良，一类沉积物比例介于 69.0%（2013 年）～100%（2008 年、2011 年），总体呈"V"形变化趋势。详见表 3.2、图 3.1。

表 3.2　2008～2017 年海南省近岸海域沉积物质量状况汇总

海域名称		测点名称	测点代码	2008 年	2011 年	2013 年	2015 年	2017 年
东部近岸海域	琼海市	潭门港湾	HN9201	一	一	二	一	一
		博鳌湾	HN9202	一	一	二	一	一
	文昌市	抱虎港湾	HN9501			二	一	一
		抱虎角	HN9502	一	一	二	一	/
		铜鼓岭近岸	HN9503			一	一	一
		东郊椰林	HN9504			一	一	一
	万宁市	大洲岛	HN9601	一	一	一	二	一

续表

海域名称		测点名称	测点代码	2008 年	2011 年	2013 年	2015 年	2017 年
南部近岸海域	三亚市	合口港湾近岸	HN0201	一	一	一	一	一
		亚龙湾	HN0202	一	一	一	一	一
		坎秧湾近岸	HN0203	一	一	一	一	一
		大东海	HN0204	一	一	一	一	一
		三亚湾	HN0205	一	一	一	一	一
		天涯海角	HN0206	一	一	一	一	一
		梅山镇近岸	HN0207	一	一	一	一	一
	陵水县	香水湾	HN3401	一	一	一	一	一
		陵水湾	HN3402	一	一	一	一	一
	乐东县	莺歌海	HN9403	/	/	/	/	/
西部近岸海域	儋州市	兵马角	HN9301	一	一	一	一	一
		新英湾养殖区	HN9302	一	一	一	一	一
		新三都海域	HN9309	/	/	/	/	一
		洋浦湾	HN9303	一	一	一	一	一
		洋浦鼻	HN9304	一	一	一	一	一
	东方市	八所化肥厂外	HN9701	一	一	一	一	一
		黑脸琵鹭省级自然保护区	HN9707	/	/	/	/	一
		乐东–东方近岸	HN9702	一	一	一	一	一
	临高县	临高近岸	HN2801	一	一	二	一	一
	昌江县	昌江近岸	HN3101	一	一	一	一	一
		棋子湾度假旅游区	HN3103	/	/	/	/	一
北部近岸海域	海口市	天尾角	HN0101	一	一	二	二	一
		三连村	HN0102	一	一	一	一	一
		铺前湾	HN0103	一	一	一	一	一
		海口湾	HN0104	一	一	一	一	一
	澄迈县	桥头金牌	HN2701	一	一	二	二	二
		马村港	HN2702	/	/	/	/	二
一类沉积物比例/%				100	100	69.0	93.1	93.9

注: / 表示该点位当年未开展监测

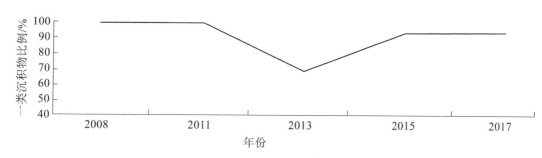

图 3.1　2008～2017 年海南岛近岸海域一类沉积物比例变化

3.3.2　主要监测因子浓度变化趋势

2008～2017 年，海南岛近岸海域沉积物各项监测因子年均值均低于沉积物质量一类标准限值，其中，多氯联苯和六六六未检出；滴滴涕、大肠菌群和粪大肠菌群虽有检出，但检出率低于 50%；石油类、铜、锌、镉、总汞、有机碳、硫化物虽检出率较高，但未出现超一类标准现象；仅铬、砷、铅 3 个项目个别监测点位单次超一类标准。详见表 3.3。

表 3.3　2008～2017 年海南岛近岸海域沉积物质量监测结果统计

项目	样品数/个	检出率/%	平均值*	监测范围*	超一类标准/%	超二类标准/%
铬/（mg/kg）	144	86.1	33.0	3.0 L～92.6	2.1	0
石油类/（mg/kg）	145	91.0	19.6	2.0 L～420.0	0	0
砷/（mg/kg）	145	100	8.64	0.97～29.7	4.1	0
铜/（mg/kg）	145	97.2	10.7	2.0 L～27.4	0	0
锌/（mg/kg）	145	95.9	53.5	6.0 L～115.0	0	0
镉/（mg/kg）	144	63.2	0.04 L	0.040 L～0.173	0	0
铅/（mg/kg）	145	99.3	23.4	3.0 L～79.1	2.8	0
总汞/（mg/kg）	145	97.9	0.026	0.004 L～0.086	0	0
有机碳/%	145	97.93	0.467	0.200 L～1.520	0	0
硫化物/（mg/kg）	119	78.2	6.50	0.3 L～121.0	0	0
多氯联苯/（μg/kg）	145	0	0.336 L	0.336 L	0	0
六六六（/μg/kg）	146	0	2.100 L	2.100 L	0	0
滴滴涕/（μg/kg）	146	21.9	2.000 L	2.000～11.10	0	0
大肠菌群/（个/g）	146	45.2	20 L	20 L～230	0	0
粪大肠菌群/（个/g）	146	32.9	20 L	20 L～170	0	0

注：*标注平均值与监测范围的单位为项目标注的单位；监测结果低于检出限时，用"最低检出限（数值）+L"表示

1）铬

2008～2017 年，海南岛近岸海域沉积物铬年均值为 13.4～44.3 mg/kg，远低于一类标准限值（80 mg/kg），单次超一类标准比例介于 0%～5.9%。2008～2013 年铬年均值上升明显，2015 年和 2017 年略有下降，但是单次超一类标准比例自 2013 年呈上升趋势。详见图 3.2。

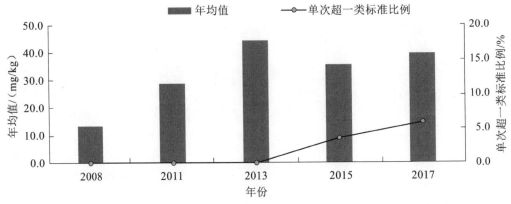

图 3.2　2008～2017 年海南岛近岸海域沉积物铬年均值和单次超一类标准比例

海南岛 4 个区域近岸海域中，北部和西部近岸海域沉积物铬年均值略高于东部和南部近岸海域，单次超一类标准现象仅发生在北部近岸海域。其中，东部近岸海域沉积物铬年均值为未检出～41.4 mg/kg，无点位超标；南部近岸海域沉积物铬年均值为未检出～40.6 mg/kg，无点位超标；西部近岸海域沉积物铬年均值为 36.2～55.0 mg/kg，无点位超标；北部近岸海域沉积物铬年均值为未检出～54.1 mg/kg，单次超一类标准比例介于 0%～33.3%。

12 个沿海市县中，澄迈县沉积物铬浓度水平和单次超一类标准比例均较高，其余 11个沿海市县未出现点位单次超一类标准现象。其中，海口市沉积物铬年均值为未检出～47.4 mg/kg，无点位超标；澄迈县沉积物铬年均值为未检出～92.0 mg/kg，单次超一类标准比例介于 0%～100%；临高县沉积物铬年均值为 29.7～50.0 mg/kg，无点位超标；儋州市沉积物铬年均值为 32.2～63.0 mg/kg，无点位超标；昌江县沉积物铬年均值为 40.0～58.9 mg/kg，无点位超标；东方市沉积物铬年均值为 18.1～40.6 mg/kg，无点位超标；文昌市沉积物铬年均值为未检出～45.0 mg/kg，无点位超标；万宁市沉积物铬年均值为未检出～62.5 mg/kg，无点位超标；琼海市沉积物铬年均值为未检出～48.4 mg/kg，无点位超标；陵水县沉积物铬年均值为未检出～41.5 mg/kg，无点位超标；三亚市沉积物铬年均值为未检出～40.4 mg/kg，无点位超标；乐东县沉积物铬年均值（仅 2017 年开展监测）为16.6 mg/kg，无点位超标。详见图 3.3。

2）砷

2008～2017 年，海南岛近岸海域沉积物砷年均值为 4.2～14.1 mg/kg，低于一类标准限值（20 mg/kg），单次超一类标准比例介于 0%～17.2%。2008～2013 年沉积物砷年均值

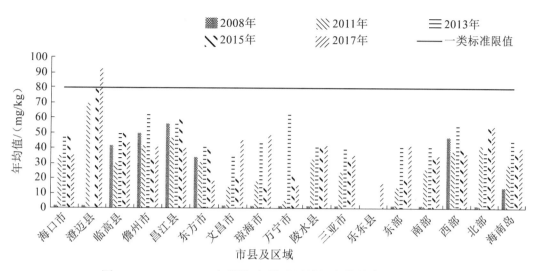

图 3.3　2008～2017 年沿海市县及区域沉积物铬年均值变化

上升明显，2015 年和 2017 年有所回落；单次超一类标准比例 2013 年最高，2015 年开始下降，2017 年降至最低。详见图 3.4。

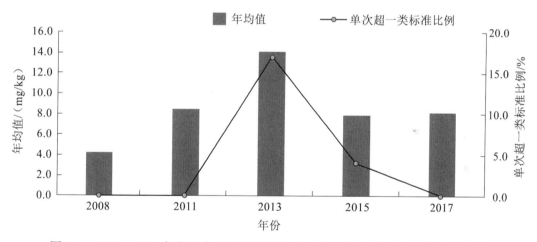

图 3.4　2008～2017 年海南岛近岸海域沉积物砷年均值和单次超一类标准比例

海南岛 4 个区域近岸海域中，2008 年西部近岸海域砷的年均值明显高于其他三个海域，其余年份，北部海域略高。东部和北部海域个别年份存在单次超一类标准现象。其中，东部近岸海域年均值为 1.6～17.5 mg/kg，单次超一类标准比例介于 0%～42.8%；南部近岸海域年均值为 1.7～9.6 mg/kg，无单次超标；西部近岸海域年均值为 7.0～13.1 mg/kg，无单次超标；北部近岸海域年均值为 2.3～19.2 mg/kg，单次超一类标准比例介于 0%～40.0%。

12 个沿海市县中，海口市、澄迈县、文昌市和琼海市出现单次超一类标准现象，其余 8 个市县未出现单次超标现象。其中，海口市沉积物砷年均值为 2.3～16.8 mg/kg，单次超一类标准比例介于 0%～25.0%；澄迈县沉积物砷年均值为 2.4～28.6 mg/kg，单次超一类标准比例介于 0%～100%；临高县沉积物砷年均值为 7.3～17.4 mg/kg，无单次超标；儋州市沉积物砷年均值为 5.1～13.8 mg/kg，无单次超标；昌江县沉积物砷年均值为 8.9～12.6 mg/kg，无单次超标；东方市沉积物砷年均值为 4.8～9.9 mg/kg，无单次超标；文昌市沉积物砷年均值为 1.4～19.2 mg/kg，单次超一类标准比例介于 0%～50.0%；万宁市沉积物砷年均值为 1.2～7.9 mg/kg，无单次超标；琼海市沉积物砷年均值为 2.2～19.0 mg/kg，单次超一类标准比例介于 0%～50.0%；陵水县沉积物砷年均值为 1.6～8.9 mg/kg，无单次超标；三亚市沉积物砷年均值为 1.8～9.8 mg/kg，无单次超标；乐东县沉积物砷年均值（仅 2017 年开展监测）为 16.5 mg/kg，无单次超标。详见图 3.5。

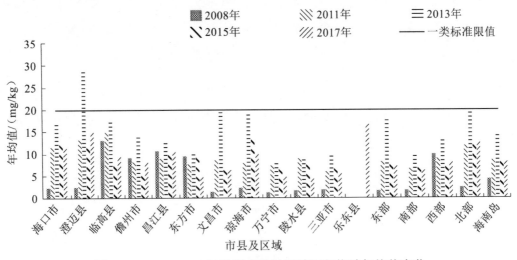

图 3.5　2008～2017 年沿海市县及区域沉积物砷年均值变化

3）铅

2008～2017 年，海南岛近岸海域沉积物铅年均值为 9.5～46.2 mg/kg，低于一类标准限值（60 mg/kg），单次超一类标准比例介于 0%～13.8%。2013 年沉积物铅年均值明显高于其他年份，仅 2013 年存在单次超标现象。详见图 3.6。

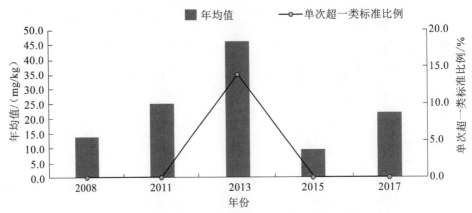

图 3.6　2008～2017 年海南岛近岸海域沉积物铅年均值和单次超一类标准比例

海南岛 4 个区域近岸海域中，西部近岸海域略高于其他近岸海域，沉积物铅单次超一类标准现象仅 2013 年发生在西部和东部近岸海域，其他海域未发生沉积物铅单次超一类标准现象。其中，东部近岸海域沉积物铅年均值为 6.4～54.2 mg/kg，2013 年单次超一类标准比例为 42.8%，其余年份无单次超标；南部近岸海域沉积物铅年均值为 8.3～39.2 mg/kg，无单次超标；西部近岸海域沉积物铅年均值为 10.0～49.4 mg/kg，2013 年单次超一类标准比例为 11.1%，其余年份无单次超标；北部近岸海域沉积物铅年均值为 6.5～42.6 mg/kg，无单次超标。

12 个沿海市县中，2013 年万宁市和临高县近岸海域沉积物铅年均值超一类标准限值，其余 10 个市县年均值未超一类标准限值。其中，海口市沉积物铅年均值为 5.9～46.3 mg/kg，无单次超标；澄迈县沉积物铅年均值为 9.3～38.9 mg/kg，无单次超标；临高县沉积物铅年均值为 8.9～79.1 mg/kg，2013 年单次超一类标准比例为 100%，其余年份无单次超标；儋州市沉积物铅年均值为 10.6～44.7 mg/kg，无单次超标；昌江县沉积物铅年均值为 9.5～50.6 mg/kg，无单次超标；东方市沉积物铅年均值为 9.6～43.2 mg/kg，无单次超标；文昌市沉积物铅年均值为 5.8～47.6 mg/kg，2013 年单次超一类标准比例为 25%，其余年份无单次超标；万宁市沉积物铅年均值为 4.2～72.6 mg/kg，单次超一类标准比例为 100%，其余年份无单次超标；琼海市沉积物铅年均值为 6.1～58.2 mg/kg，单次超一类标准比例为 50%，其余年份无单次超标；陵水县沉积物铅年均值为 7.2～28.5 mg/kg，无单次超标；三亚市沉积物铅年均值为 8.8～42.4 mg/kg，无单次超标；乐东县沉积物铅年均值（仅 2017 年开展监测）为 19.9 mg/kg，无单次超标。详见图 3.7。

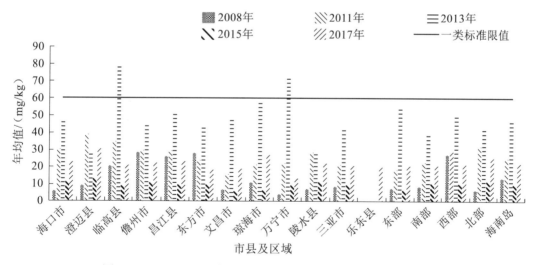

图 3.7　2008～2017 年沿海市县及区域沉积物铅年均值变化

3.4　小　　结

海南国际旅游岛建设十年间，海南岛沉积物质量整体优良。2017 年，海南岛近岸海域沉积物质量总体优良，94.3%的监测海域沉积物质量为一类；5.7%的监测海域沉积物质量为二类。2008～2017 年，海南岛近岸海域沉积物保持优良，且监测海域沉积物质量以一类为主。海南岛各区域近岸海域中，南部近岸海域（三亚市、陵水县、乐东县）沉积物质量最佳，各监测点位监测年度沉积物质量均为一类；西部近岸海域（临高县、儋州市、东方市、昌江县）仅临高近岸 2013 年沉积物质量为二类，其余点位历年监测结果均为一类；东部近岸海域（文昌市、琼海市、万宁市）2013 年沉积物质量以二类为主，其余监测点位各监测年度沉积物质量均为一类；北部近岸海域（海口市、澄迈县）沉积物质量优良，但个别监测点位自 2013 年监测结果以二类为主。

海南国际旅游岛建设十年间，影响海南岛近岸海域沉积物质量的监测因子为铬、砷和铅，但浓度均未超二类标准限值。2008～2017 年，海南岛近岸海域沉积物各项监测因子年均值均未超一类标准，其中，多氯联苯和六六六均未检出；滴滴涕、大肠菌群和粪大肠菌群虽有检出，但检出率处于较低水平；石油类、铜、锌、镉、总汞、有机碳、硫化物虽检出率较高，但未出现超一类标准现象；铬、砷、铅检出率较高，个别监测点位存在单次超一类标准现象。

海南国际旅游岛建设十年间，澄迈县近岸海域沉积物受铬和砷影响显著，沉积物质量略低于其他市县。12 个沿海市县中，三亚市、陵水县、儋州市、东方市、昌江县、乐东县 6 个市县沉积物质量最佳，监测结果均为一类；琼海市、文昌市、万宁市、临高县 4 个市县仅 2013 年出现二类沉积物，其余监测年份沉积物质量均为一类；海口市近岸海域沉积物质量以一类为主，仅天尾角 2013 年、2015 年出现二类沉积物；澄迈县近岸海域沉积物以二类为主。

海南国际旅游岛建设十年间，海南岛西北部近岸海域沉积物受地质背景影响，铬、砷浓度高于其他海域。海南岛近岸海域沉积物中铬和砷的浓度水平呈现北部和西部区域高于东部和南部区域的分布特点。根据《海南土壤环境背景值研究》，海口市至儋州市玄武岩地区土壤中铬和砷的背景浓度较高，近岸海域沉积物中铬、砷的区域分布特征与陆地土壤中铬、砷的分布特征一致。

第 4 章 近岸海域生物生境质量状况

4.1 总体情况

2008～2017 年，海南岛近岸海域按照《近岸海域环境监测规范》（HJ 442—2008）开展海洋生物调查监测，2008 年、2011 年、2013 年、2015 年和 2017 年各开展一次监测，共监测 5 次。2017 年监测点位由29 个调整为 34 个，更加全面地反映海南岛近岸海域海洋生物生境质量状况。监测结果显示，海南岛近岸海域浮游植物、浮游动物和大型底栖生物生境质量优良率均呈升高趋势。

4.2 浮 游 植 物

4.2.1 浮游植物群落结构

1. 群落结构状况

1）种类组成和群落结构

2017 年海南岛近岸海域共采集鉴定浮游植物 5 门 316 种（含变种和变型）。其中，硅藻门有 203 种，占 64.2%，甲藻门有 98 种，占 31.0%，蓝藻门有 9 种，占 2.8%，金藻门有 4 种，占 1.3%，绿藻门有 2 种，占 0.6%（由于计算结果四舍五入，加和不为 100%）。本年度监测浮游植物以硅藻和甲藻为主。详见图 4.1。

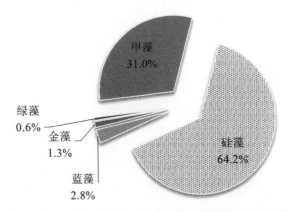

图 4.1　2017 年海南岛近岸海域浮游植物种类组成

各个监测点位浮游植物的种类数为 46（天尾角）～93（合口港近岸）种，均值为 71 种。海南岛 4 个区域近岸海域中，北部近岸海域浮游植物的种类最少，平均有 63 种；其次为西部近岸海域，平均有 66 种；东部近岸海域平均有 72 种；南部近岸海域最多，平均有 83 种。

2）数量组成

2017 年海南岛近岸海域浮游植物的丰度为 0.6×10^3（潭门港湾表层）～27.5×10^3（大东海表层）cells/L，均值为 5.1×10^3 cells/L。海南岛 4 个区域近岸海域中，北部近岸海域浮游植物的丰度最高，平均为 12.9×10^3 cells/L，其次为西部近岸海域，平均丰度为 4.4×10^3 cells/L，南部近岸海域浮游植物平均丰度为 3.7×10^3 cells/L，东部近岸海域浮游植物丰度最低，平均为 2.2×10^3 cells/L。详见表 4.1。

表 4.1　2017 年海南岛近岸海域浮游植物种类数、丰度及生态指数统计表

区域	点位编码	点位名称	层次	种类数/种	丰度/（10^3cells/L）	多样性指数	均匀度	优势度	生境质量
北部近岸海域	HN0101	天尾角	表层	46	5.4	3.6	0.9	0.3	优良
			中层		6.6	3.2	0.9	0.4	优良
			底层		3.8	3.5	0.9	0.3	优良
	HN0102	三连村	表层	70	11.1	3.2	0.7	0.5	优良
			底层		15.0	2.7	0.7	0.6	一般
	HN0103	铺前湾	表层	68	14.5	3.6	0.9	0.3	优良
	HN0104	海口湾	表层	72	22.0	2.9	0.7	0.7	一般
			底层		18.8	3.0	0.8	0.5	优良
	HN2701	桥头金牌	表层	59	10.0	2.9	0.7	0.6	一般
	HN2702	马村港	表层	65	18.6	3.7	0.8	0.4	优良
			底层		16.2	3.6	0.8	0.5	优良

续表

区域	点位编码	点位名称	层次	种类数/种	丰度/（10³cells/L）	多样性指数	均匀度	优势度	生境质量
南部近岸海域	HN0201	合口港近岸	表层	93	2.7	4.0	0.9	0.3	优良
			中层		2.1	4.2	0.9	0.3	优良
			底层		2.0	4.1	0.9	0.3	优良
	HN0202	亚龙湾	表层	86	1.5	3.7	0.9	0.3	优良
			底层		1.5	4.1	0.9	0.2	优良
	HN0203	坎秧湾近岸	表层	82	1.3	3.4	0.8	0.5	优良
			中层		1.1	3.4	0.9	0.4	优良
			底层		1.6	3.6	0.9	0.3	优良
	HN0204	大东海	表层	85	27.5	1.0	0.3	0.9	差
			底层		5.6	2.8	0.6	0.6	一般
	HN0205	三亚湾	表层	77	5.1	2.4	0.5	0.7	一般
			底层		4.4	4.5	0.9	0.2	优良
	HN0206	天涯海角	表层	83	3.2	3.7	0.8	0.4	优良
			底层		3.6	4.1	0.9	0.3	优良
	HN0207	梅山镇近岸	表层	77	1.1	3.5	0.9	0.4	优良
			底层		3.5	3.9	0.8	0.4	优良
	HN3401	香水湾	表层	75	2.8	2.8	0.7	0.6	一般
			底层		1.6	4.3	0.9	0.2	优良
	HN3402	陵水湾	表层	91	1.2	3.7	0.9	0.3	优良
			中层		1.5	4.1	0.9	0.3	优良
			底层		1.8	4.3	0.9	0.2	优良
西部近岸海域	HN2801	临高近岸	表层	50	10.6	3.8	0.9	0.4	优良
			中层		6.1	2.9	0.7	0.6	一般
			底层		4.9	3.2	0.8	0.5	优良
	HN9301	兵马角	表层	77	4.2	4.0	0.9	0.4	优良
			底层		4.4	3.9	0.9	0.3	优良
	HN9309	新三都海域	表层	69	4.7	3.7	0.9	0.3	优良
			底层		4.0	4.0	0.9	0.3	优良
	HN9303	洋浦湾	表层	62	4.4	4.2	0.9	0.3	优良
			底层		4.6	3.8	0.9	0.3	优良
	HN9302	新英湾养殖区	表层	55	9.4	2.3	0.6	0.7	一般

续表

区域	点位编码	点位名称	层次	种类数/种	丰度/（10^3cells/L）	多样性指数	均匀度	优势度	生境质量
西部近岸海域	HN9304	洋浦鼻	表层	89	5.0	4.6	0.9	0.2	优良
			底层		3.3	4.3	0.9	0.2	优良
	HN3103	棋子湾度假旅游区	表层	67	1.2	3.9	0.9	0.3	优良
			底层		2.5	3.9	0.9	0.3	优良
	HN3101	昌江近岸	表层	76	2.1	4.0	0.9	0.3	优良
			中层		2.1	4.1	0.9	0.3	优良
			底层		1.6	3.6	0.9	0.4	优良
	HN9701	八所化肥厂外	表层	54	2.1	3.4	0.9	0.4	优良
	HN9707	黑脸琵鹭省级自然保护区	表层	55	2.4	3.2	0.8	0.5	优良
	HN9702	乐东–东方近岸	表层	62	1.3	4.1	0.9	0.3	优良
	HN9403	莺歌海	表层	78	5.5	1.5	0.4	0.8	差
			底层		11.1	1.6	0.3	0.9	差
东部近岸海域	HN9601	大洲岛	表层	68	1.4	3.6	0.9	0.4	优良
			底层		1.6	4.2	1.0	0.2	优良
	HN9202	博鳌湾	表层	65	1.8	4.2	0.9	0.3	优良
			底层		2.6	3.5	0.8	0.5	优良
	HN9201	潭门港湾	表层	88	0.6	4.0	0.9	0.3	优良
			中层		1.0	4.1	0.9	0.3	优良
			底层		1.4	4.1	1.0	0.2	优良
	HN9504	东郊椰林	表层	72	2.1	4.0	0.9	0.3	优良
	HN9503	铜鼓岭近岸	表层	73	2.4	4.3	0.9	0.2	优良
			中层		2.1	4.3	0.9	0.3	优良
			底层		5.0	3.6	0.7	0.5	优良
	HN9501	抱虎港湾	表层	75	1.9	4.2	0.9	0.2	优良
			中层		1.2	4.0	1.0	0.2	优良
			底层		4.9	4.5	0.9	0.2	优良
	HN9502	抱虎角	表层	64	2.7	4.5	0.9	0.2	优良

3）优势种

2017 年海南岛近岸海域各监测点位浮游植物的优势度为 0.2～0.9，均值为 0.4。优势种主要为硅藻门的中肋骨条藻（*Skeletonema costatum*）、菱形藻（*Nitzschia* sp.）、菱形海线藻（*Thalassionema nitzschioides*）、翼根管藻纤细变型（*Rhizosolenia alata f. gracillima*）、琼氏圆筛藻（*Coscinodiscus jonesianus*）、斜纹藻（*Pleurosigma* sp.）、柔弱根管藻（*Rhizosolenia delicatula*），甲藻门的海洋原甲藻（*Prorocentrum micans*）、多甲藻（*Peridinium* sp.）、环沟藻（*Gyrodinium* sp.）、膝沟藻（*Gonyaulax* sp.），以及蓝藻门的红海束毛藻（*Trichodesmium erythraeum*）、铁氏束毛藻（*Trichodesmium thiebautii*）等。

4）多样性指数及均匀度

2017 年海南岛近岸海域各监测点位浮游植物的多样性指数为 1.0（大东海表层）～4.6（洋浦鼻表层），均值为 3.6。海南岛 4 个区域近岸海域中，东部近岸海域浮游植物的多样性指数最高，其次为南部近岸海域，再次为西部近岸海域，北部近岸海域浮游植物的多样性指数最低。

各个监测点位均匀度为 0.3（大东海表层、莺歌海底层）～1.0（大洲岛底层、潭门港湾底层、抱虎港湾中层），均值为 0.8。海南岛 4 个区域近岸海域中，以东部近岸海域浮游植物的均匀度最高，其余三个区域均较接近。

2. 群落结构变化趋势

1）浮游植物种类变化

2008～2017 年海南岛近岸海域浮游植物种类数量变化呈现逐年升高的趋势。其中，2008 年浮游植物的种类最少，为 165 种；2011 年次之，有 193 种；2015 年较多，有 261 种；2017 年最多，有 316 种。海南岛 4 个区域近岸海域也呈现逐年升高的趋势。其中，南部和东部近岸海域浮游植物的种类一般较多，2015 年东部近岸海域较多，其余年份均以南部较多。西部和北部一般较少。方差分析表明，各年间浮游植物的种类数差异极显著（$F=44.5$，$p<0.01$）。相关性分析表明，无机氮是影响浮游植物种类的主要因素（$r=-0.217$，$p<0.01$）。详见图 4.2。

2）浮游植物丰度变化

2008～2017 年海南岛近岸海域浮游植物丰度整体呈现下降的趋势。其中，2008 年浮游植物的丰度最小，为 0.5×10^3 cells/L；2015 年次之，为 2.0×10^3 cells/L；2013 年较高，为 2.1×10^4 cells/L；2011 年最高，为 7.5×10^4 cells/L。海南岛 4 个区域近岸海域中，北部和西部近岸海域浮游植物丰度一般较高，其中，2011 年北部近岸海域浮游植物丰度最高，为 3.5×10^5 cells/L，中肋骨条藻等丰度较高，导致北部近岸海域浮游植物丰度较高。西部和东部近岸海域浮游植物丰度较低。方差分析表明，各年间浮游植物的种类数差异极显著（$F=3.6$，$p<0.01$）。相关性分析表明，浮游植物的丰度主要受水温（$r=-0.299$，$p<0.01$）和溶解氧（$r=0.244$，$p<0.01$）的影响。详见图 4.3。

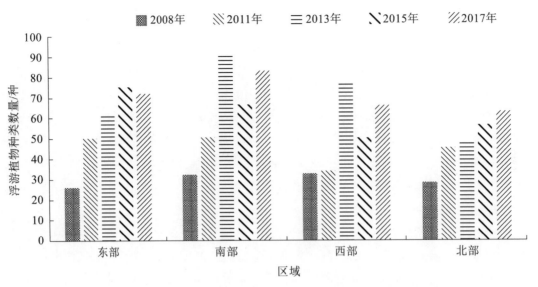

图 4.2　2008～2017 年海南岛近岸海域浮游植物种类数量变化

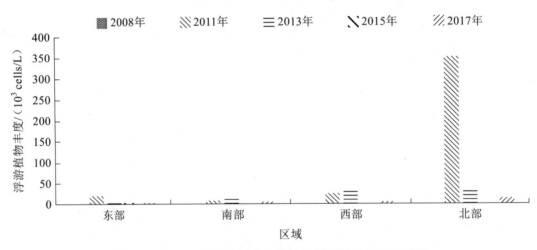

图 4.3　2008～2017 年海南岛近岸海域浮游植物丰度变化

3）多样性指数的变化

2008～2017 年海南岛近岸海域浮游植物多样性指数整体呈现升高的趋势。其中,2008年最低,为 2.63;其次为 2011 年和 2013 年,分别为 2.83 和 2.82;2015 年较高,为 3.18;2017 年最高,为 3.60。海南岛 4 个区域近岸海域浮游植物的多样性指数也呈升高趋势,年内的变化规律不尽相同,其中 2008 年为西部近岸海域最高,2011 年为南部近岸海域最高,2013 年为西部最高,2015 年为北部最高,2017 年为东部最高。方差分析表明,各年间多样性指数差异极显著（$F=5.5$, $p<0.01$）。相关性分析表明,浮游植物的物种多样性指数主要受 pH 的影响（$r=0.28$, $p<0.01$）。详见图 4.4。

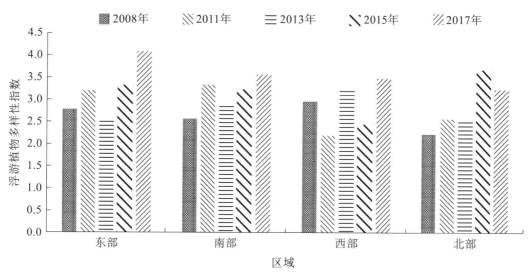

图 4.4　2008～2017 年海南岛近岸海域浮游植物多样性指数变化

4.2.2　浮游植物生境质量

1. 生境质量状况

根据《近岸海域环境监测规范》（HJ 442—2008），2017 年海南岛近岸海域浮游植物生境质量为优良的点位有 30 个，优良率为 88.2%，一般的点位有 2 个，占 5.9%，差的点位有 2 个，占 5.9%。海南岛 4 个区域近岸海域中，东部近岸海域浮游植物的生境质量最好，均为优良，南部近岸海域浮游植物生境质量次之，优良率为 88.9%，北部和西部近岸海域浮游植物的生境质量优良率均为 83.3%。

2. 生境质量变化趋势

2008～2017 年浮游植物生境质量优良率呈升高趋势。其中，2013 年浮游植物生境质量优良率最低，为 37.9%；其次为 2011 年，为 41.4%；2017 年最高，为 88.2%；2008 年和2015 年分别为 43.4% 和 65.5%。海南岛 4 个区域近岸海域中，北部近岸海域浮游植物生境质量的优良率较低，南部和东部近岸海域优良率较高，而 2015 年则以北部近岸海域浮游植物生境质量优良率较高。

2008～2017 年浮游植物生境质量见表 4.2。2008 年、2011 年和 2013 年浮游植物生境质量整体一般，2015 年和 2017 年浮游植物生境质量整体优良。浮游植物生境质量变化趋势表明其生境质量在逐年得到改善。详见图 4.5。

表 4.2　2008～2017 年海南岛近岸海域浮游植物生境质量

区域	2008 年	2011 年	2013 年	2015 年	2017 年
北部近岸海域	一般	一般	一般	优良	优良

续表

区域	2008 年	2011 年	2013 年	2015 年	2017 年
西部近岸海域	一般	一般	优良	一般	优良
南部近岸海域	一般	优良	一般	优良	优良
东部近岸海域	一般	一般	一般	优良	优良
整体情况	一般	一般	一般	优良	优良

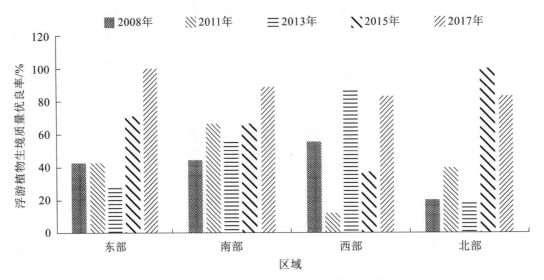

图 4.5　2008～2017 年海南岛近岸海域浮游植物生境质量优良率

4.3　浮 游 动 物

4.3.1　浮游动物群落结构

1. 群落结构状况

1）种类组成和群落结构

2017 年海南岛近岸海域共采集鉴定浮游动物 160 种。其中,甲壳动物最多,有 71 种,占 44.4%;其次为腔肠动物,有 32 种,占 20.0%;浮游幼虫有 23 种,占 14.4%;毛颚动物有 12 种,占 7.5%;被囊动物有 10 种,占 6.3%;软体动物有 6 种,占 3.8%;栉水母、原生动物和浮游多毛类各有 2 种,各占 1.3%。甲壳动物中以桡足类最多,有 53 种,占 33.1%,其次为端足类,有 7 种,占 4.4%。本次监测浮游动物主要为桡足类、腔肠动物和浮游幼虫。详见图 4.6。

各监测点位浮游动物的种类数为 3（黑脸琵鹭省级自然保护区）～67（亚龙湾、潭门港湾）种,均值为 29 种。海南岛 4 个区域近岸海域中,浮游动物的种类数呈现东部近岸海域和南部近岸海域最多，平均有 39 种；其次为西部近岸海域，有 25 种；北部近岸海域最低，有 14 种。

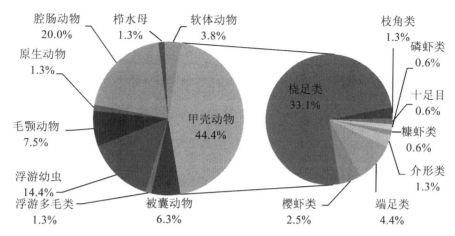

图 4.6　2017 年海南岛近岸海域浮游动物种类组成

2）数量组成

2017 年海南岛近岸海域浮游动物的丰度为 6.9（梅山镇近岸）～941.7（抱虎角）ind./m³，均值为 97.2 ind./m³。海南岛 4 个区域近岸海域中，浮游动物丰度分布呈现东部近岸海域＞南部近岸海域＞西部近岸海域＞北部近岸海域。其中，北部近岸海域浮游动物丰度最低，均值为 33.1 ind./m³，东部近岸海域最高，均值为 198.0 ind./m³。详见表 4.3。

表 4.3　2017 年海南岛近岸海域浮游动物种类数、丰度及生态指数统计表

区域	测点名称	点位代码	种类数	丰度/（ind./m³）	多样性指数	均匀度	优势度	生境质量
北部近岸海域	天尾角	HN0101	16	42.7	3.0	0.8	0.5	优良
	三连村	HN0102	8	20.8	2.8	0.9	0.5	一般
	铺前湾	HN0103	14	29.3	3.3	0.9	0.4	优良
	海口湾	HN0104	14	17.7	3.2	0.9	0.5	优良
	桥头金牌	HN2701	11	18.6	2.8	0.8	0.7	一般
	马村港	HN2702	23	69.4	3.1	0.7	0.5	优良
南部近岸海域	合口港近岸	HN0201	41	53.3	4.3	0.8	0.3	优良
	亚龙湾	HN0202	60	201.9	4.7	0.8	0.3	优良
	坎秧湾近岸	HN0203	66	102.6	4.6	0.8	0.3	优良
	大东海	HN0204	37	115.7	2.9	0.6	0.7	一般
	三亚湾	HN0205	21	129.4	2.4	0.5	0.7	一般
	天涯海角	HN0206	19	32.9	3.9	0.9	0.3	优良

续表

区域	测点名称	点位代码	种类数	丰度/（ind./m³）	多样性指数	均匀度	优势度	生境质量
南部近岸海域	梅山镇近岸	HN0207	17	6.9	3.8	0.9	0.4	优良
	香水湾	HN3401	26	62.5	3.5	0.7	0.5	优良
	陵水湾	HN3402	61	55.0	4.6	0.8	0.3	优良
西部近岸海域	临高近岸	HN2801	18	160.0	3.1	0.8	0.5	优良
	昌江近岸	HN3101	31	27.9	3.5	0.7	0.5	优良
	棋子湾度假旅游区	HN3103	19	30.8	3.4	0.8	0.5	优良
	兵马角	HN9301	31	52.4	3.9	0.8	0.4	优良
	新英湾养殖区	HN9302	14	140.0	3.3	0.9	0.4	优良
	洋浦湾	HN9303	35	132.2	4.3	0.8	0.2	优良
	洋浦鼻	HN9304	42	119.6	3.7	0.7	0.5	优良
	新三都海域	HN9309	55	145.7	3.9	0.7	0.5	优良
	莺歌海	HN9403	20	37.5	3.7	0.9	0.3	优良
	八所化肥厂外	HN9701	10	14.0	3.2	1.0	0.5	优良
	乐东–东方近岸	HN9702	19	88.8	3.0	0.7	0.6	优良
	黑脸琵鹭省级自然保护区	HN9707	3	12.5	1.4	0.9	1.0	差
东部近岸海域	潭门港湾	HN9201	67	54.9	4.7	0.8	0.3	优良
	博鳌湾	HN9202	29	64.6	3.9	0.8	0.4	优良
	抱虎港湾	HN9501	20	26.3	3.2	0.7	0.6	优良
	抱虎角	HN9502	46	941.7	3.6	0.7	0.5	优良
	铜鼓岭近岸	HN9503	49	165.2	4.4	0.8	0.3	优良
	东郊椰林	HN9504	22	50.0	3.9	0.9	0.4	优良
	大洲岛	HN9601	38	83.6	4.2	0.8	0.3	优良

3）优势种

2017 年海南岛近岸海域各监测点位浮游动物的优势度为 0.2（洋浦湾）～1.0（黑脸琵鹭省级自然保护区），均值为 0.5。主要优势种为桡足类的微刺哲水蚤（*Canthocalanus pauper*）、中华哲水蚤（*Calanus sinicus*）、精致真刺水蚤（*Euchaeta concinna*）、亚强真哲水蚤（*Eucalanus subcrassus*）、异尾宽水蚤（*Temora discaudata*），毛颚类的肥胖箭虫（*Sagitta enflata*），枝角类的鸟喙尖头溞（*Penilia avirostris*），樱虾类的亨生莹虾（*Lucifer hansenis*），水螅水母类（*Hydropolypse* sp.），浮游幼虫的短尾类溞状幼虫（zoea larva（Brachyura））、鱼卵（*fish eggs*）、长尾类糠虾幼虫（*Mysidacea larvae*）、桡足类幼体（*Copepodite larva*）。

4）多样性指数及均匀度

2017 年海南岛近岸海域各监测点位浮游动物的多样性指数为 1.4（黑脸琵鹭省级自然保护区）～4.7（潭门港湾、亚龙湾），均值为 3.6。海南岛 4 个区域近岸海域中，东部近岸海域浮游动物多样性指数最高，均值为 4.0；其次为南部近岸海域，均值为 3.8；西部近岸海域均值为 3.4；北部近岸海域最低，均值为 3.0。

各监测点位浮游动物均匀度为 0.5（三亚湾）～1.0（八所化肥厂外），均值为 0.8。海南岛 4 个区域近岸海域中，北部近岸海域的均匀度均值最大，其次为东部近岸海域，再次为西部近岸海域，南部近岸海域浮游动物的均匀度均值最小。

2. 群落结构变化趋势

1）浮游动物种类变化

2008～2017 年海南岛近岸海域浮游动物种类数量呈现逐年升高的趋势。其中，2011 年浮游动物的种类最少，为 99 种。2008 年次之，有 103 种。2013 年和 2015 年较多，分别有 134 种和 143 种。2017 年最多，有 160 种。海南岛 4 个区域近岸海域浮游动物种类数量呈现先升高后降低的规律。南部近岸海域浮游动物的种类一般最多，其次为东部近岸海域，北部近岸海域最少。2015 年则表现为东部近岸海域最多，其次为西东部近岸海域。方差分析表明，各年间浮游动物的种类数差异极显著（$F=15.5$，$p<0.01$）。相关性分析表明，水温（$r=0.185$，$p<0.05$）和化学需氧量（$r=0.172$，$p<0.05$）是影响浮游动物种类的主要因素。详见图 4.7。

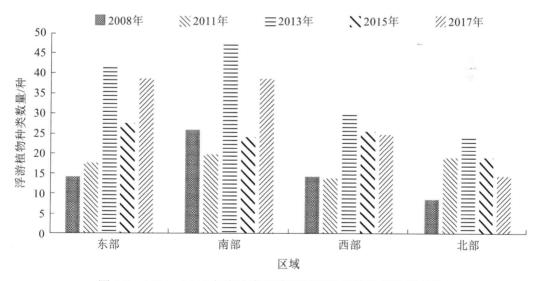

图 4.7　2008～2017 年海南岛近岸海域浮游动物种类数量变化

2）浮游动物丰度变化

2008～2017 年海南岛近岸海域浮游动物丰度呈 "M" 形变化。其中，2013 年浮游动物的丰度最高，均值为 295.0 ind./m³。2015 年次之，为 131.1 ind./m³。2011 年和 2017 年较少，分别为 91.2 ind./m³ 和 98.9 ind./m³。2008 年最低，为 54.1 ind./m³。海南岛 4 个区域近岸海域中，出现先升高后降低的规律，其中除西部近岸海域在 2015 年浮游动物丰度最高外，其余区域均在 2013 年最高。方差分析表明，各年间浮游动物的丰度差异极显著（$F=4.9$，$p<0.01$）。相关性分析表明，溶解氧（$r=0.161$，$p<0.05$）和 pH（$r=-0.261$，$p<0.01$）是影响浮游动物丰度的主要因素。详见图 4.8。

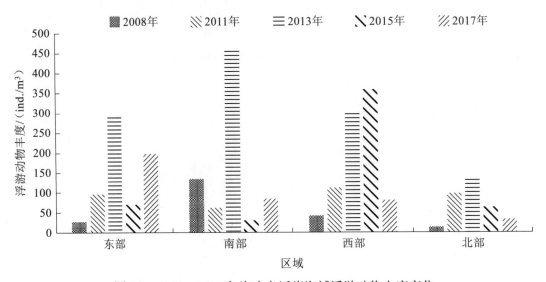

图 4.8　2008～2017 年海南岛近岸海域浮游动物丰度变化

3）多样性指数的变化

2008～2017 年海南岛近岸海域浮游动物多样性指数整体呈现升高的趋势。其中，2011 年最低，为 2.76；其次为 2008 年，为 2.94；2015 年和 2017 年较高，分别为 3.54 和 3.56；2013 年最高，为 3.70。海南岛 4 个区域近岸海域中，一般以南部和东部近岸海域浮游动物多样性指数较高，北部和西部近岸海域则较低。方差分析表明，各年间多样性指数差异极显著（$F=12.2$，$p<0.01$）。相关性分析表明，浮游动物的物种多样性指数主要受水温（$r=0.292$，$p<0.01$）和无机氮（$r=-0.277$，$p<0.01$）的影响。详见图 4.9。

4.3.2　浮游动物生境质量

1. 生境质量状况

2017 年海南岛近岸海域浮游动物的生境质量为优良的点位有 29 个，优良率为 85.3%，生境质量为一般的有 4 个，生境质量为差的有 1 个。海南岛 4 个区域近岸海域中，东部近岸海域浮游动物的生境质量最好，均为优良，优良率为 100%；其次为西部近岸海域，优良率为 91.7%；南部近岸海域浮游动物的优良率为 77.8%；北部近岸海域浮游动物的生境质量最差，优良率为 66.7%。

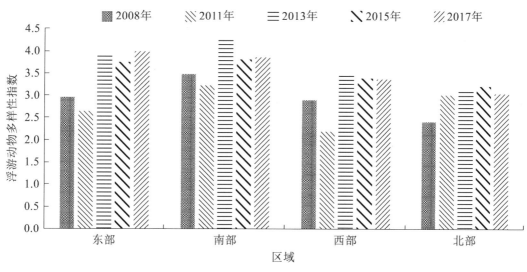

图 4.9　2008～2017 年海南岛近岸海域浮游动物多样性指数变化

2. 生境质量变化趋势

2008～2017 年浮游动物生境质量优良率呈升高趋势。其中，2011 年浮游动物生境质量优良率最低，为 24.1%；其次为 2008 年，为 60.0%；2015 年最高，为 93.1%；2013 年和 2017 年较高，分别为 82.8% 和 85.3%。海南岛 4 个区域近岸海域中，南部和东部近岸海域浮游动物生境质量优良率较高。就生境质量而言，2008 年和 2011 年浮游动物生境质量整体一般，2013 年、2015 年和 2017 年浮游动物生境质量整体优良。浮游动物生境质量的变化趋势表明其生境质量在逐年得到改善。详见图 4.10、表 4.4。

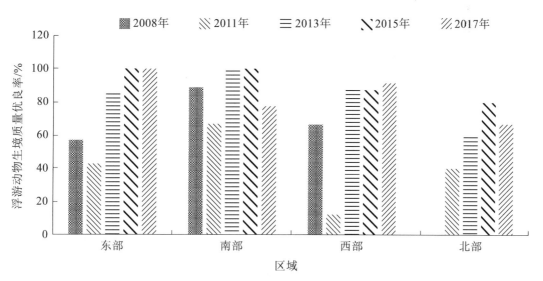

图 4.10　2008～2017 年海南岛近岸海域浮游动物生境质量优良率

表 4.4　2008～2017 年海南岛近岸海域浮游动物生境质量

区域	2008 年	2011 年	2013 年	2015 年	2017 年
北部近岸海域	一般	优良	优良	优良	优良
西部近岸海域	一般	一般	优良	优良	优良
南部近岸海域	优良	优良	优良	优良	优良
东部近岸海域	一般	一般	优良	优良	优良
整体情况	一般	一般	优良	优良	优良

4.4　大型底栖生物

4.4.1　大型底栖生物群落结构

1. 群落结构状况

1）种类组成和群落结构

2017 年调查海域共采集到 29 个点位的底栖生物 167 种。隶属 8 门 11 纲 76 科 167 种。其中环节动物为 75 种，占总数的 44.9%；软体动物为 40 种，占总数 24.0%；节肢动物为 36 种，占总数 21.6%；棘皮动物为 11 种，占总数 6.6%；其他为 5 种，占总数 3.0%（由于计算结果四舍五入，加和不为 100%）。本次调查海域的底栖生物主要为环节动物。详见图 4.11。

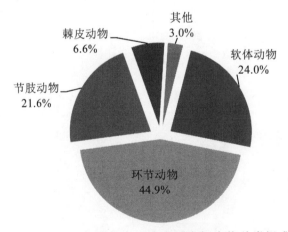

图 4.11　2017 年海南岛近岸海域底栖生物种类组成

各点位底栖生物的种类数量差异大，在 2～23 种，均值为 11 种。其中，南部近岸海域的陵水湾的底栖生物种类最多，为 23 种；西部近岸海域的黑脸琵鹭省级自然保护区的底栖生物种类次之，为 21 种；北部近岸海域的马村港、西部近岸海域的洋浦湾和八所化肥厂外底栖生物种类最少，均为 2 种。详见表 4.5。

表 4.5　2017 年海南岛近岸海域底栖生物种类数、丰度及生态指数统计表

区域	测点名称	点位代码	种类数/种	栖息密度/（ind./m²）	生物量/（g/m²）	多样性指数	均匀度	优势度	生境质量
北部近岸海域	海口湾	HN0104	15	136.7	9.97	3.5	0.9	0.4	优良
	三连村	HN0102	11	120.0	23.14	2.8	0.8	0.5	一般
	铺前湾	HN0103	10	120.0	26.71	2.0	0.6	0.7	一般
	马村港	HN2702	2	6.7	0.66	1.0	1.0	1.0	差
	桥头金牌	HN2701	11	50.0	4.74	3.3	1.0	0.4	优良
西部近岸海域	兵马角	HN9301	13	56.7	6.75	3.6	1.0	0.3	优良
	新三都海域	HN9309	5	16.7	5.11	2.3	1.0	0.4	一般
	洋浦湾	HN9303	2	26.7	0.95	1.0	1.0	1.0	极差
	新英湾养殖区	HN9302	8	475.0	150.24	1.3	0.4	0.9	差
	洋浦鼻	HN9304	13	70.0	20.59	3.5	0.9	0.3	优良
	棋子湾度假旅游区	HN3103	8	33.3	4.86	2.9	1.0	0.4	一般
	昌江近岸	HN3101	9	40.0	5.56	2.9	0.9	0.4	一般
	八所化肥厂外	HN9701	2	23.3	4.00	0.9	0.9	1.0	极差
	黑脸琵鹭省级自然保护区	HN9707	21	175.0	14.91	3.9	0.9	0.4	优良
	乐东–东方近岸	HN9702	4	20.8	1.38	1.9	1.0	0.6	差
	莺歌海	HN9403	4	23.3	7.01	1.7	0.8	0.7	差
南部近岸海域	梅山镇近岸	HN0207	10	43.3	7.62	3.2	1.0	0.4	优良
	天涯海角	HN0206	18	180.0	8.66	3.5	0.9	0.4	优良
	三亚湾	HN0205	15	183.3	15.08	2.6	0.7	0.7	一般
	大东海	HN0204	14	100.0	15.56	3.4	0.9	0.4	优良
	坎秧湾近岸	HN0203	16	70.0	4.06	3.9	1.0	0.2	优良
	亚龙湾	HN0202	12	100.0	2.31	3.3	0.9	0.3	优良
	合口港湾近岸	HN0201	19	130.0	3.19	3.9	0.9	0.3	优良
	陵水湾	HN3402	23	186.7	4.44	3.9	0.9	0.4	优良
	香水湾	HN3401	7	50.0	0.58	2.5	0.9	0.6	一般
东部近岸海域	大洲岛	HN9601	12	83.3	2.06	3.1	0.9	0.5	优良
	东郊椰林	HN9504	5	16.7	1.94	2.3	1.0	0.4	一般
	铜鼓岭近岸	HN9503	10	33.3	3.40	3.3	1.0	0.2	优良
	抱虎港湾	HN9501	14	73.3	2.82	3.6	1.0	0.3	优良

2）数量组成

本次调查底栖生物栖息密度为 6.7～475.0 ind./m², 均值为 88.4 ind./m²。其中, 最高的底栖生物栖息密度出现在西部近岸海域的新英湾养殖区, 为 475.0 ind./m², 该点位软体动物栖息密度为 452.4 ind./m², 占该点位总栖息密度的 95.2%, 该点位软体动物的横斜纹蛤（*Loxoglypta transculpta*）和纵带滩栖螺（*Batillaria zonalis*）栖息密度分别为 341.7 ind./m² 和 100.0 ind./m²; 最低的底栖生物栖息密度出现在北部近岸海域的马村港, 其栖息密度为 6.7 ind./m²。

本次调查底栖生物的生物量为 0.58～150.24 g/m², 平均生物量为 11.44 g/m²。其中, 最高的底栖生物生物量出现在西部近岸海域的新英湾养殖区, 为 150.24 g/m², 该点位软体动物生物量为 149.77 g/m², 占该点位总生物量的 99.7%; 其次为北部近岸海域的铺前湾, 其生物量为 26.71 g/m²; 最低的底栖生物生物量出现在南部近岸海域的香水湾, 其生物量为 0.58 g/m²。

3）优势种

本次所调查海域的优势度为 0.2～1.0, 均值为 0.5, 最大的优势度为北部近岸海域的马村港、西部近岸海域的洋浦湾和八所化肥厂外 3 个点位, 均为 1.0; 其次为西部近岸海域的新英湾养殖区点位, 其优势度为 0.9; 最小的优势度为南部近岸海域的坎秧湾近岸和东部近岸海域的铜鼓岭近岸 2 个点位, 其优势度均为 0.2。优势种主要为环节动物的吻沙蚕属（*Glycera* sp.）、智利巢沙蚕（*Diopatra chiliensis*）、欧文虫属（*Owenia* sp.）、稚齿虫属（*Prionospio* sp.）, 棘皮动物的克氏盘棘蛇尾（*Ophiocentruskoehleri*）、组蛇尾属（*Histampica* sp.）, 软体动物的角蛤（*Angulus lanceolatus*）、横斜纹蛤（*Loxoglypta transculpta*）等。

4）多样性指数与均匀度

本次调查海域底栖生物的多样性指数为 0.9～3.9, 均值为 2.8。其中, 南部近岸海域的坎秧湾近岸、合口港湾近岸、陵水湾和西部近岸海域的黑脸琵鹭省级自然保护区底栖生物的多样性指数最高, 为 3.9; 西部近岸海域的八所化肥厂外底栖生物的多样性指数最低, 为 0.9。

本次调查海域底栖生物的均匀度为 0.4～1.0, 均值为 0.9。其中, 北部近岸海域的马村港、桥头金牌, 西部近岸海域的兵马角、新三都海域、洋浦湾、棋子湾度假旅游区、乐东–东方近岸, 东部近岸海域的东郊椰林、铜鼓岭近岸、抱虎港湾和南部近岸海域的梅山镇近岸、坎秧湾近岸均匀度指数均最高, 为 1.0; 西部近岸海域的新英湾养殖区的均匀度最低, 为 0.4。

2. 群落结构变化趋势

1）大型底栖生物种类变化

2008～2017 年海南岛近岸海域大型底栖生物种类数量呈现逐年升高的趋势。其中, 2008 年底栖生物的种类最少, 为 78 种。2015 年次之, 有 120 种。2011 年、2013 年和 2017 年较多, 分别有 161 种、162 种和 167 种。海南岛 4 个区域近岸海域中。南部和东部近岸海域底栖生物种类一般较多,北部和西部近岸海域较少。方差分析表明,各年间底栖生物的种类数差异极显著($F=9.3$, $p<0.01$)。相关性分析表明,水温($r=-0.278$, $p<0.01$)、溶解氧($r=0.24$, $p<0.01$)、无机氮($r=-0.231$, $p<0.01$)和盐度($r=0.214$, $p<0.05$)是影响底栖生物种类的主要因素。详见图 4.12。

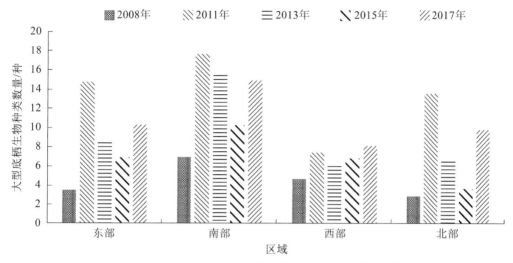

图 4.12　2008~2017 年海南岛近岸海域大型底栖生物种类数量变化

2) 大型底栖生物栖息密度变化

2008~2017 年海南岛近岸海域大型底栖生物栖息密度整体呈 "M" 形走势。其中,2008 年底栖生物栖息密度最低,为 61.7 ind./m^2;其次为 2013 年和 2017 年,分别为 81.7 ind./m^2 和 85.4 ind./m^2;2011 年和 2015 年则较多,分别为 123.2 ind./m^2 和 143.2 ind./m^2。海南岛 4 个区域近岸海域中,除东部近岸海域底栖生物栖息密度整体呈下降趋势外,其余海域均呈现上升趋势。方差分析表明,各年间底栖生物的栖息密度差异未达显著水平($F=0.5$, $p>0.05$)。相关性分析表明,底栖生物栖息密度主要受盐度的影响($r=-0.204$, $p<0.05$)。详见图 4.13。

3) 大型底栖生物生物量变化

2008~2017 年海南岛近岸海域大型底栖生物生物量整体波动性下降。其中,2011 年底栖生物生物量最高,为 30.7 g/m^2;其次为 2008 年,生物量为 25.7 g/m^2;2013 年和 2017 年生物量较低,分别为 13.9 g/m^2 和 10.6 g/m^2;2015 年生物量为 18.1 g/m^2。海南岛 4 个区域近岸海域中,除西部近岸海域底栖生物生物量整体呈上升趋势外,其余海域均呈现下降趋势。方差分析表明,各年间底栖生物的栖息密度差异未达显著水平($F=0.5$, $p>0.05$)。详见图 4.14。

4) 大型底栖生物多样性指数变化

2008~2017 年海南岛近岸海域大型底栖生物多样性指数整体呈 "M" 形走势。其中,2008 年底栖生物多样性指数最低,为 1.6;其次为 2013 年和 2015 年,分别为 2.4 和 2.2;

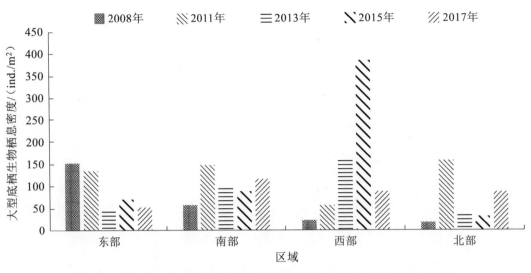

图 4.13　2008～2017 年海南岛近岸海域大型底栖生物栖息密度变化

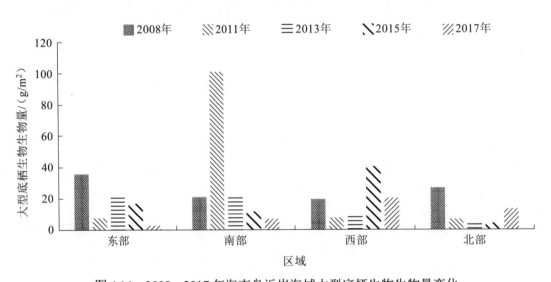

图 4.14　2008～2017 年海南岛近岸海域大型底栖生物生物量变化

2011 年和 2017 年较高，分别为 2.9 和 2.8。海南岛 4 个区域近岸海域底栖生物的多样性指数均呈现上升趋势，且南部和东部近岸海域的物种多样性指数较高。方差分析表明，各年间底栖生物多样性指数差异极显著（$F=6.3$，$p<0.01$）。相关性分析表明，底栖生物物种多样性指数主要受水温（$r=-0.257$，$p<0.01$）、盐度（$r=0.252$，$p<0.01$）、溶解氧（$r=0.281$，$p<0.01$）、无机氮（$r=-0.255$，$p<0.01$）和 pH（$r=0.18$，$p<0.05$）的影响。详见图 4.15。

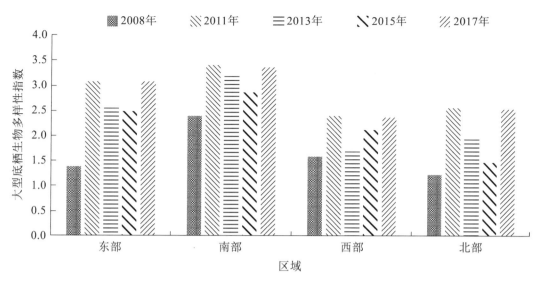

图 4.15　2008～2017 年海南岛近岸海域大型底栖生物多样性指数变化

4.4.2　大型底栖生物生境质量

1. 生境质量状况

根据《近岸海域环境监测规范》（HJ 442—2008）9.3.7 海洋生物评价，本次调查海域底栖生物的整体生物生境质量为一般，从生境质量评价结果来看，底栖生物生境质量优良的监测点位为 15 个，占 51.7%，主要分布于南部近岸海域；生境质量为一般的为 8 个，占27.6%，主要分布于东部、西部和北部；近岸海域生境质量为差为 4 个，占 13.9%，分布于西部近岸海域和北部近岸海域；生境质量极差的为 2 个，占 6.9%，主要分布于西部近岸海域洋浦湾及八所化肥厂外。从海南岛 4 个区域近岸海域结果来看，南部近岸海域底栖生物的生境质量最好，其优良比例为 77.8%；西部近岸海域最差，其生境质量为差或极差的比例为 44.5%。

2. 生境质量变化趋势

2008～2017 年底栖生物生境质量优良率呈"M"形走势。其中，2008 年底栖生物生境质量未出现优良点位；2015 年底栖生物生境质量优良率较低，为 24.1%；2011 年最高，为 55.2%；2013 年和 2017 年生境质量优良率分别为 37.9% 和 51.7%。海南岛 4 个区域近岸海域中，南部和东部近岸海域底栖生物生境质量优良率较高，东部近岸海域底栖生物生境质量在 2015 年未出现优良点位。就生境质量而言，2008 年底栖生物生境质量整体为差，2011 年、2013 年、2015 年和 2017 年底栖生物生境质量整体为一般。虽然底栖生物生境质量呈改善趋势，但整体水平较低。详见图 4.16、表 4.6。

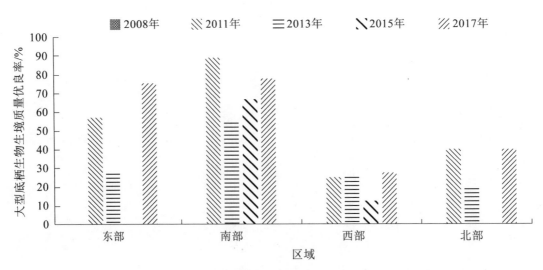

图 4.16　2008～2017 年海南岛近岸海域大型底栖生物生境质量优良率

表 4.6　2008～2017 年海南岛近岸海域大型底栖生物生境质量

区域	2008 年	2011 年	2013 年	2015 年	2017 年
北部近岸海域	差	一般	差	差	一般
西部近岸海域	差	一般	差	一般	一般
南部近岸海域	一般	优良	优良	一般	优良
东部近岸海域	差	优良	一般	一般	优良
整体情况	差	一般	一般	一般	一般

4.5　小　　结

4.5.1　浮游植物

　　海南国际旅游岛建设十年间，海南岛近岸海域浮游植物主要种类为硅藻和甲藻，种类数量呈现逐年升高的趋势。海南岛 4 个区域近岸海域中，浮游植物种类数量均呈现逐年升高的趋势，以南部和东部近岸海域浮游植物的种类较多。各年间浮游植物的种类数差异极显著（$F=44.5$，$p<0.01$）。无机氮是影响浮游植物种类的主要因素（$r=-0.217$，$p<0.01$）。

　　浮游植物丰度整体呈现下降的趋势，北部和南部近岸海域浮游植物丰度一般较高。各年间浮游植物的丰度差异极显著（$F=3.6$，$p<0.01$）。浮游植物的丰度主要受水温（$r=-0.299$，$p<0.01$）和溶解氧（$r=0.244$，$p<0.01$）的影响。

　　浮游植物多样性指数整体呈现升高的趋势。海南岛 4 个区域近岸海域浮游植物的多样性指数也呈升高趋势，年内的变化规律不尽相同，其中 2008 年为西部近岸海域最高，

2011 年为南部近岸海域最高，2013 年为西部最高，2015 年为北部最高，2017 年为东部最高。各年间多样性指数差异极显著（$F=5.5$，$p<0.01$）。浮游植物的物种多样性指数主要受 pH 的影响（$r=0.28$，$p<0.01$）。

海南国际旅游岛建设十年间，浮游植物生境质量优良率波动性上升，南部和东部近岸海域优良率较高。2008 年、2011 年和 2013 年浮游植物生境质量整体一般，2015 年和 2017 年浮游植物生境质量整体优良。浮游植物生境质量变化趋势表明其生境质量在逐年得到改善。

4.5.2　浮游动物

海南国际旅游岛建设十年间，海南岛近岸海域浮游动物以桡足类、腔肠动物和浮游幼虫为主，种类数量总体呈上升趋势。南部近岸海域浮游动物的种类一般最多，其次为东部近岸海域。各年间浮游动物的种类数差异极显著（$F=15.5$，$p<0.01$）。水温（$r=0.185$，$p<0.05$）和化学需氧量（$r=0.172$，$p<0.05$）是影响浮游动物种类的主要因素。

浮游动物丰度呈现先升高后降低的规律，一般以南部和东部近岸海域较高。各年间浮游动物的丰度差异极显著（$F=4.9$，$p<0.01$）。溶解氧（$r=0.161$，$p<0.05$）和 pH（$r=-0.261$，$p<0.01$）是影响浮游动物丰度的主要因素。

浮游动物多样性指数整体呈现升高的趋势。一般以南部和东部近岸海域浮游动物多样性指数较高，而北部和西部近岸海域则较低。各年间多样性指数差异极显著（$F=12.2$，$p<0.01$）。浮游动物的物种多样性指数主要受水温（$r=0.292$，$p<0.01$）和无机氮（$r=-0.277$，$p<0.01$）的影响。

海南国际旅游岛建设十年间，浮游动物生境质量优良率呈升高趋势，以南部和东部近岸海域浮游动物生境质量优良率较高。2008 年和 2011 年浮游动物生境质量整体一般，2013 年、2015 年和 2017 年浮游动物生境质量整体优良。浮游动物生境质量的变化趋势表明其生境质量在逐年得到改善。

4.5.3　大型底栖生物

海南国际旅游岛建设十年间，海南岛近岸海域大型底栖生物以环节动物和节肢动物为主，种类数量呈现逐年升高的趋势。南部和东部近岸海域底栖生物种类一般较多，北部和西部近岸海域较少。各年间底栖生物的种类数差异极显著（$F=9.3$，$p<0.01$）。水温（$r=-0.278$，$p<0.01$）、溶解氧（$r=0.24$，$p<0.01$）、无机氮（$r=-0.231$，$p<0.01$）和盐度（$r=0.214$，$p<0.05$）是影响底栖生物种类的主要因素。

底栖生物栖息密度整体呈"M"形走势，海南岛 4 个区域近岸海域中，除东部近岸海域底栖生物栖息密度整体呈下降趋势外，其余海域均呈现上升趋势。各年间底栖生物的栖息密度差异未达显著水平（$F=0.5$，$p>0.05$）。底栖生物栖息密度主要受盐度的影响（$r=-0.204$，$p<0.05$）。

底栖生物生物量整体波动性下降,海南岛 4 个区域近岸海域中,除西部近岸海域底栖生物生物量整体呈上升趋势外,其余海域均呈现下降趋势。各年间底栖生物的栖息密度差异未达显著水平(F=0.5,p>0.05)。

底栖生物多样性指数整体呈"M"形走势,海南岛 4 个区域近岸海域中,底栖生物的多样性指数均呈现上升趋势,且南部和东部近岸海域的多样性指数较高。各年间底栖生物多样性指数差异极显著(F=6.3,p<0.01)。底栖生物的多样性指数主要受水温(r=-0.257,p<0.01)、盐度(r=0.252,p<0.01)、溶解氧(r=0.281,p<0.01)、无机氮(r=-0.255,p<0.01)和 pH(r=0.18,p<0.05)的影响。

海南国际旅游岛建设十年间,底栖生物生境质量优良率呈"M"形走势,南部和东部近岸海域底栖生物生境质量优良率较高。2008 年底栖生物生境质量整体为差,2011 年、2013 年、2015 年和 2017 年底栖生物生境质量整体为一般。虽然底栖生物生境质量呈改善趋势,但整体水平较低。

第 5 章　入海河流水质状况及入海量

　　海南国际旅游岛建设十年间，入海河流监测断面不断优化，由最初布设的 12 个，调整为 24 个。从可比性角度，本次主要分析 2009～2017 年相同的 19 个入海河流断面水质情况。全岛入海河流水环境质量总体优良，与 2009 年末比较，2017 年水质优良率上升 24.2%，其中 I 类、II 类水质比例增加 22.6%，III 类水质比例基本保持不变，IV 类水质下降 24.2%，自 2010 年后劣 V 类水质不再出现。

5.1　全岛入海河流水质状况

5.1.1　水质状况

　　2017 年，海南省 19 个入海河口监测断面水质总体良好，84.2%河口断面水质符合或优于地表水 III 类标准，其中 II 类水质断面占 52.6%、III 类占 31.6%、IV 类占 15.8%，无 V 类、劣 V 类水体。3 条河流入海河口水质受到轻度污染，主要污染物为化学需氧量、高锰酸盐指数和氨氮，主要受城市（镇）生活污水、农村污水及农业面源污染影响。

5.1.2 变化趋势

1. 水质变化趋势

2009～2017 年，入海河口监测断面水质基本保持稳定，I～III 类水质断面比例在 60%～90%，IV 类水质断面比例在 10.5%～40%，仅 2011 年和 2016 年各出现一个水质为 V 类的监测断面，分别占监测断面总数的 5%和 5.3%，仅 2010 年出现一个水质为劣 V 类的监测断面，占当年监测断面总数的 5%，其余年份均无 V 类和劣 V 类水质。总体来看，海南国际旅游岛建设十年间水环境质量保持优良并稳步提升。详见图 5.1。

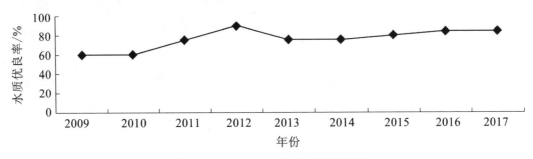

图 5.1　2009～2017 年水质变化情况

2. 主要污染物变化趋势

2009～2017 年，入海河流断面超III类标准比例在 10%～40%，九年间断面超标率呈波动下降趋势，超标断面个数由 2009 年的 8 个逐步减少为 2017 年的 3 个。主要污染物为化学需氧量、高锰酸盐指数、溶解氧和氨氮。按项目超标倍数分析，高锰酸盐指数超标倍数（26.2）最高，其次为氨氮（1.39）、化学需氧量（0.66），无重金属污染。详见图 5.2。

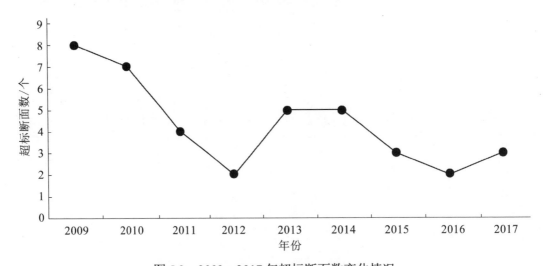

图 5.2　2009～2017 年超标断面数变化情况

5.2 各市县入海河流水质状况

5.2.1 水质状况

2017 年，海南省入海河口水质总体良好，84.2%河口断面水质符合或优于地表水 III 类标准，其中 II 类水质断面占 52.6%、III 类占 31.6%、IV 类占 15.8%，无 V 类、劣 V 类水体。文教河、文昌市河和罗带河等 3 条河流入海河口水质受到轻度污染，主要污染物为化学需氧量、高锰酸盐指数和氨氮，主要受城市（镇）生活污水、农业及农村面源废水污染影响。详见表 5.1。

表 5.1 2017 年海南岛入海河流监测断面水质类别评价结果

序号	河流名称	断面名称	断面代码	2017 年	污染物
1	南渡江	儒房	HN001	II	/
2	藤桥河	藤桥河大桥	HN003	II	/
3	宁远河	崖城大桥	HN004	II	/
4	万泉河	汀洲	HN006	II	/
5	珠碧江	上村桥	HN007	III	/
6	北门江	中和桥	HN008	III	/
7	文教河	坡柳水闸	HN009	IV	高锰酸盐指数
8	文昌河	水涯新区	HN010	IV	氨氮、化学需氧量
9	罗带河	罗带铁路桥	HN011	IV	化学需氧量、生化需氧量、氨氮、总磷
10	文澜江	白仞滩电站	HN012	III	/
11	昌化江	大风	HN013	II	/
12	望楼河	乐罗	HN014	III	/
13	陵水河	大溪村	HN015	II	/
14	潢州河	潢州河河口	HN016	III	/
15	太阳河	分洪桥	HN017	II	/
16	龙首河	和乐桥	HN018	II	/
17	龙尾河	后安桥	HN019	II	/
18	东山河	后山村	HN020	III	/
19	九曲江	羊头外村桥	HN021	II	/

注：/ 表示该断面未受污染

5.2.2 水质变化趋势

2009～2017年的九年间，海南的19条主要入海河流水质基本保持稳定，其中，南渡江、昌化江、万泉河、九曲江、龙尾河、太阳河、陵水河、藤桥河、宁远河、望楼河、珠碧江等11条河流入海断面水质保持优良。各市县入海河流监测断面水质变化情况详见表5.2。

表 5.2 2009～2017 年海南省入海河流水质状况汇总表

市县名称	河流名称	断面名称	年份								
			2009	2010	2011	2012	2013	2014	2015	2016	2017
海口市	南渡江	儒房	II	III	II	II	II	II	II	II	II
海口市	海甸溪	华侨宾馆	IV	IV	IV	III	IV	IV	III	/	/
海口市	演州河	演州河河口	III	IV	III	III	IV	III	III	III	III
三亚市	藤桥河	藤桥河大桥	III	III	II	II	III	III	III	III	III
三亚市	宁远河	崖城大桥	II	II	II	II	II	II	II	II	II
儋州市	珠碧江	上村桥	III	III	III	III	III	III	III	III	III
儋州市	北门江	中和桥	IV	IV	IV	III	III	III	III	III	III
琼海市	万泉河	汀洲	II	II	II	II	II	II	II	II	II
琼海市	九曲江	羊头外村桥	II	II	II	II	II	II	II	II	II
文昌市	文教河	坡柳水闸	IV	IV	IV	IV	IV	IV	IV	IV	IV
文昌市	文昌河	水涯新区	IV	劣V	V	IV	IV	IV	IV	IV	IV
万宁市	龙首河	和乐桥	IV	III	III	II	II	II	III	III	II
万宁市	龙尾河	后安桥	III	III	III	III	II	II	III	III	II
万宁市	太阳河	分洪桥	III	III	II	II	II	II	III	III	II
万宁市	东山河	后山村	IV	IV	IV	IV	IV	IV	IV	IV	IV
东方市	罗带河	罗带铁路桥	IV	IV	IV	III	III	IV	IV	V	IV
临高县	文澜河	白仞滩电站	IV	IV	III	III	III	III	III	III	III
昌江县	昌化江	大风	III	II	II	III	II	II	II	II	II

续表

市县名称	河流名称	断面名称	年份								
			2009	2010	2011	2012	2013	2014	2015	2016	2017
乐东县	望楼河	乐罗	II	II	III	III	III	III	III	III	III
陵水县	陵水河	大溪村	II	III	II	II	III	II	II	II	II

注：/表示该断面未开展监测

1) 海口市

3 条入海河流中，南渡江入海断面水质以优为主，仅 2010 年水质为 III 类，其余年份水质均为 II 类；演州河入海断面水质以良好为主，仅 2010 年和 2013 年水质为 IV 类，其余年份水质均为 III 类；海甸溪入海断面水质以轻度污染为主，2009～2015 年监测 7 年间，仅 2012 年和 2015 年水质为 III 类，其余年份水质均为 IV 类。

2) 三亚市

2 条入海河流中，藤桥河入海断面水质在 II 类、III 类之间波动；宁远河入海断面水质为优，历年监测水质均保持为 II 类。

3) 儋州市

2 条入海河流中，珠碧江水质良好，历年监测水质均保持为 III 类；北门江入海断面水质在国际旅游岛建设早期为轻度污染，2012 年水质上升为 III 类，此后年份水质稳定保持为 III 类。

4) 琼海市

2 条入海河流万泉河和九曲江水质保持为优，历年监测水质均保持为 II 类。

5) 万宁市

4 条入海河流中，龙首河入海断面仅 2009 年水质为 IV 类，其余年份水质在 II 类、III 类之间波动；龙尾河和太阳河入海断面水质在 II 类、III 类之间波动；东山河入海断面水质在 III 类、IV 类之间波动。

6) 文昌市

2 条入海河流中，文教河入海断面水质轻度污染，保持为 IV 类；文昌河水质以轻度污染为主，2010 年、2011 年分别出现劣 V 类、V 类水质，其余年份水质均为 IV 类。

7) 临高县

文澜江入海断面在国际旅游岛建设早期水质为轻度污染，2011 年后改善为良好，2009 年、2010 年水质为 IV 类，2011 年后水质变为 III 类。

8) 昌江县

昌化江入海断面水质以优为主，仅 2009 年和 2013 年水质为 III 类，其余年份水质保持为 II 类。

9）乐东县

望楼河入海断面水质以良好为主，2009 年、2010 年水质为 II 类，其余年份水质保持为 III 类。

10）陵水县

陵水河入海断面水质以优为主，仅 2010 年和 2013 年水质为 III 类，其余年份水质均为 II 类。

5.3　主要污染物入海量

5.3.1　主要污染物入海量状况

2017 年，海南省南渡江、藤桥河、宁远河、万泉河、昌化江、文教河和文昌市河 7 条入海河流开展流量监测。监测结果显示，入海河流河口断面主要污染物排海总量约为 21.94×10^4 t，其中，化学需氧量为 14.41×10^4 t、高锰酸盐指数为 3.49×10^4 t、生化需氧量为 1.72×10^4 t、总氮为 1.98×10^4 t、氨氮为 0.26×10^4 t、总磷为 0.08×10^4 t。主要污染物排海总量最大的河流为南渡江（7.59×10^4 t），其次为昌化江（7.09×10^4 t），万泉河、藤桥河、文教河、文昌市河和宁远河的排海总量分别为 4.69×10^4 t、1.24×10^4 t、0.65×10^4 t、0.37×10^4 t 和 0.30×10^4 t。

5.3.2　变化趋势

2008 年以来，海南省对部分河流开展流量监测，监测的方法分别为流速仪或浮标测流法，监测流量的入海河流逐年进行调整，2009 年为 7 条（南渡江、万泉河、昌化江、藤桥河、宁远河、文昌河、海甸溪），2010 年为 7 条（南渡江、万泉河、昌化江、藤桥河、宁远河、文昌河、海甸溪），2011~2014 年增加为 9 条（南渡江、万泉河、藤桥河、宁远河、文昌河、文教河、珠碧江、北门江、海甸溪），2015 年减少为 7 条（南渡江、万泉河、藤桥河、宁远河、文昌河、文教河、海甸溪），2016~2017 年为 6 条（南渡江、万泉河、藤桥河、宁远河、文昌河、文教河）。为保证数据的可比性，本次选择 2009~2017 年主要的 6 条入海河流（南渡江、昌化江、万泉河、藤桥河、宁远河、文昌河）进行入海污染物总量分析，主要入海污染物指标为高锰酸盐指数、化学需氧量、氨氮、总氮和总磷。总体来看，2009~2017 年，化学需氧量入海量最大，其次为高锰酸盐指数，最小为总磷，化学需氧量、高锰酸盐指数、总氮较氨氮、总磷的入海量相差一个数量级。化学需氧量入海量呈波动状态，从 2009 年的 16.9×10^4 t/a 上升到 2010 年的 20.2×10^4 t/a，后下降至 2013 年的 7.4×10^4 t/a，降幅达 63.3%，随后又上升至 2015 年的 20.8×10^4 t/a，再下降至 2017 年的 14×10^4 t/a，反弹 64.4%，波动较明显。高锰酸盐指数入海量 2009~2011 年先升后降，2011 年后总体波动不大，2017 年较 2009 年下降 23.3%。总氮、氨氮、总磷入海量变化不大，总体呈下降趋势,总氮 2017 年较 2009 年入海量上升 35%;氨氮 2017 年较 2009 年入海量下降 43.2%;总磷 2017 年较 2009 年入海量下降 33%。6 条监测的入海河流中,污染物入海量最大的河流为南渡江,其次依次为昌化江、万泉河、藤桥河、宁远河、文昌河。详见图 5.3、表 5.3。

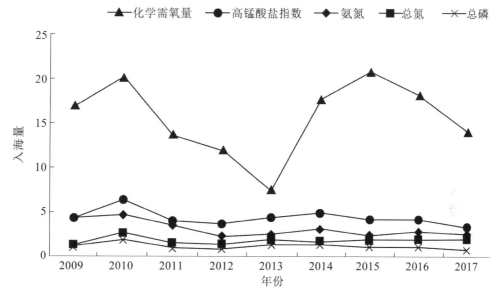

图 5.3　2010～2017 年入海河流主要污染物入海量
注：氨氮和总磷单位为 10^3 t/a，化学需氧量、高锰酸盐指数、总氮单位为 10^4 t/a

表 5.3　部分入海河流污染物入海量汇总表

入海河流断面名称	年份	化学需氧量/（t/a）	高锰酸盐指数/（t/a）	氨氮/（t/a）	总氮/（t/a）	总磷/（t/a）
南渡江儒房	2009	77 093.82	20 755.85	376.34	6 043.98	643.68
	2010	139 884.00	36 136.70	699.42	19 117.48	1 282.27
	2011	71 711.00	14 017.60	336.03	7 718.13	462.88
	2012	48 611.30	13 687.90	316.40	4 484.30	392.30
	2013	53 158.70	14 484.50	448.70	8 149.40	541.30
	2014	77 423.10	21 165.50	624.70	6 293.80	603.70
	2015	74 133.30	20 187.30	512.80	9 017.80	575.60
	2016	55 121.80	17 939.90	628.70	9 804.00	563.50
	2017	46 535.40	14 788.20	1 121.90	7 055.20	389.30
昌化江大风	2009	55 190.64	7 987.17	2 026.17	2 548.11	126.32
	2010	46 096.00	7 396.80	2 133.28	3 434.69	73.25
	2011	42 880.00	7 984.26	1 331.42	2 910.48	160.80

续表

入海河流 断面名称	年份	化学需氧量 /（t/a）	高锰酸盐指数 /（t/a）	氨氮 /（t/a）	总氮 /（t/a）	总磷 /（t/a）
昌化江大风	2012	55 915.52	7 092.35	642.77	3 262.44	212.61
	2013	65 220.48	8 022.85	725.10	3 787.72	264.43
	2014	62 690.56	8 344.45	891.48	4 148.04	248.35
	2015	64 148.48	6 895.10	692.08	5 197.40	169.73
	2016	61 104.00	9 540.80	795.42	4 607.80	166.16
	2017	50 555.52	8 164.35	497.84	8 159.72	126.85
万泉河汀洲	2009	16 796.16	10 491.15	1 272.28	3 330.01	274.17
	2010	0.00	17 256.80	1 411.92	3 372.92	392.20
	2011	0.00	13 612.30	1 114.56	3 123.72	277.34
	2012	0.00	13 267.00	904.20	5 393.60	260.20
	2013	0.00	16 693.00	823.90	5 783.70	353.10
	2014	9 911.70	13 158.10	857.80	4 676.10	246.80
	2015	49 576.00	9 405.70	744.80	4 041.90	230.70
	2016	46 748.20	10 405.40	974.40	3 979.60	230.60
	2017	29 373.00	7 684.10	575.00	3 546.70	190.20
藤桥河藤桥 河大桥	2009	7 798.83	1 487.47	157.22	390.38	71.42
	2010	7 814.62	1 786.20	167.46	385.15	72.56
	2011	9 381.00	1 847.80	213.09	522.15	68.10
	2012	10 148.50	2 042.50	208.00	593.50	57.80
	2013	15 020.20	3 258.10	339.10	883.50	149.10
	2014	20 764.70	4 804.50	569.30	1 354.90	285.40
	2015	13 850.80	3 124.60	319.90	679.60	116.40
	2016	7 672.90	1 746.50	129.40	472.30	51.20
	2017	9 020.80	1 802.10	144.30	449.00	49.40
宁远河崖城 大桥	2009	6 698.75	1 246.67	175.17	371.97	27.64
	2010	4 162.75	797.86	107.54	228.95	20.81
	2011	7 128.00	1 317.70	164.43	424.92	29.13
	2012	2 890.80	586.30	36.70	165.70	13.80
	2013	4 213.50	919.00	66.10	277.10	14.20
	2014	4 202.90	958.70	66.60	363.30	17.40
	2015	4 243.30	956.90	58.90	301.60	12.70

续表

入海河流 断面名称	年份	化学需氧量 /（t/a）	高锰酸盐指数 /（t/a）	氨氮 /（t/a）	总氮 /（t/a）	总磷 /（t/a）
宁远河崖城 大桥	2016	5 090.80	1 096.90	55.20	283.40	16.80
	2017	2 173.60	439.20	29.40	133.70	7.80
文昌河水涯 新区	2009	5 396.6	1 516.98	345.35	376.47	25.08
	2010	3 932.54	1 030.60	188.49	261.72	16.27
	2011	4 670.00	1 328.30	303.12	419.64	37.23
	2012	1 634.90	564.00	93.20	137.10	6.30
	2013	1 879.70	652.30	93.50	148.90	8.10
	2014	2 063.50	680.60	91.50	133.90	7.90
	2015	1 610.80	564.00	87.20	126.30	7.20
	2016	5 254.00	1 209.60	250.80	346.40	39.60
	2017	2 457.30	492.20	140.70	216.00	15.80

注：入海量数值为"0"表示该污染物未检出

5.4 小　结

国际旅游岛建设十年间，海南省入海河流监测断面不断优化，全岛入海河流水环境质量总体优良，与 2009 年末比较，2017 年水质优良率上升 24.2%，其中 I 类、II 类水质比例增加 22.6%，III 类水质比例基本保持不变，IV 类水质下降 24.2%。自 2010 年，常年平均径流量大于 $5\,000 \times 10^4\,\mathrm{m^3/a}$ 的入海河流基本消除劣 V 类水体。

第 6 章 直排海污染源排放状况

6.1 直排海污染源总体情况

6.1.1 排放口数及达标状况

2017 年，海南岛日排放污水量大于或等于 10^6 m^3 的直排海污染源排放口共有 27 个，废水排放达标率总体为 87.9%。按污染源类型分，工业源排放口（8 个）和综合源排放口（11 个）达标率均为 100%，生活源排放口（8 个）达标率为 48.3%，超标污染物主要为化学需氧量、五日生化需氧量、悬浮物、氨氮、总磷。

6.1.2 排放口数及达标情况变化趋势

2008～2017 年，海南岛直排海污染源排放口从 14 个增加至 27 个，增加 92.9%，废水排放达标率由 35.7% 上升至 87.9%。排放口数量与废水排放达标率双双呈现上升的趋势。详见图 6.1。

按污染源类型分，直排海工业源排放口和综合源排放口数量在 2008～2017 年小幅增加。其中，工业源排放口在 2010 年及 2011 年最少，只有 4 个，2017 年最多，为 8 个；综合源排放口在 2009 年最少，只有 5 个，在 2017 年最多，为 11 个；生活源排放口增幅较大，在 2009 年及 2010 年最少，为 1 个，在 2014 年、2015 年和 2017 年最多，为 8 个。

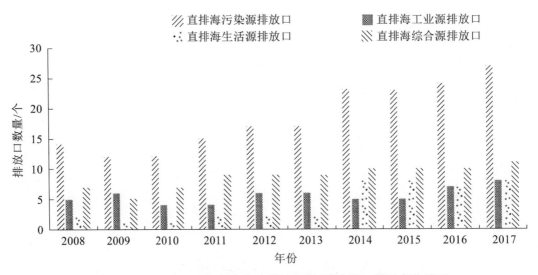

图 6.1　2008～2017 年海南岛直排海污染源排放口数量变化情况

直排海工业源排放口达标率在 2008～2012 年波动较大,但随后逐年稳步提高,从 2012 年的 87.5%提高到 2017 年的 100%;生活源排放口达标率在 2008 年最高,为 100%,在 2009 年和 2010 年最低,均为 0%,在 2011～2017 年,达标率在 37.5%～50.0%波动。综合源排放口达标率在 2008 年最低,为 0%,随后逐年增加,在 2016 年及 2017 年达到 100%。详见图 6.2。

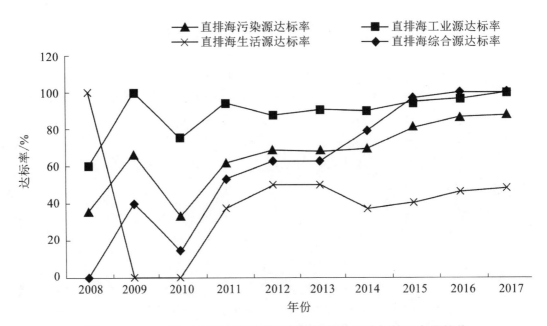

图 6.2　2008～2017 年海南岛直排海污染源排放口达标情况变化趋势

6.2　直排海污染源排放总量

6.2.1　废水及污染物排放状况

2017 年，海南岛直排海污染源排放口废水排放总量约为 28 445.22×10⁴ t，化学需氧量为 7 536.55 t，悬浮物为 2 143.91 t，氨氮为 540.64 t，总氮为 2 757.44 t，总氮为 2 757.44 t。

6.2.2　废水及污染物变化趋势

2008～2017 年，直排海污染源废水排放量介于 19 541.37×10⁴～28 445.22×10⁴ t，呈"U"形变化趋势，在 2011 年达到 19 541.37×10⁴ t 的最低值后转而开始逐年增加，2017年达到 28 445.22×10⁴ t 的最高值。详见图 6.3。

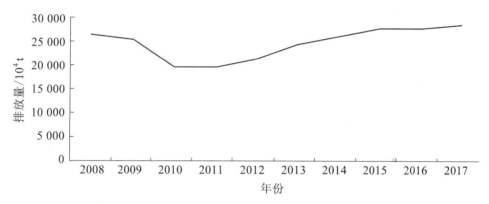

图 6.3　2008～2017 年海南岛直排海污染源废水排放量

化学需氧量排放量有所下降，在 2008 年的最高值后，出现断崖式下降，在 2011 年达到次低值 7 819.78 t，随后虽略有回升，但最终在 2017 年达到最低值 7 536.55 t。详见图 6.4。

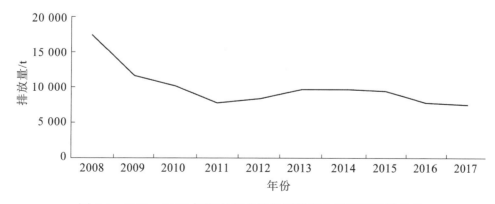

图 6.4　2008～2017 年海南岛直排海污染源化学需氧量排放量

　　悬浮物排放量波动性下降，在 2009 年达到最高值 6 074.96 t 后，呈现跳跃性下降，在 2016 年达到最低值 1 305.32 t。详见图 6.5。

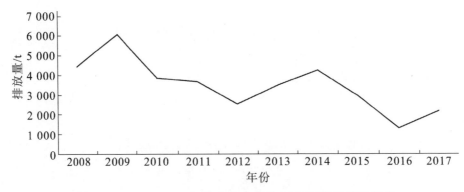

图 6.5　2008～2017 年海南岛直排海污染源悬浮物排放量

　　石油类在 2008～2009 年的高位上升后迅速下降，并在 64.33～96.27 t 波动。最高值出现在 2009 年，为 191.96 t，最低值出现在 2017 年，为 64.33 t。详见图 6.6。

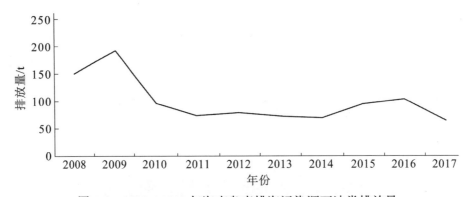

图 6.6　2008～2017 年海南岛直排海污染源石油类排放量

　　氨氮排放量在 2008 年达到最大值（3 062.42 t）后，呈现一路下降的态势，虽然在 2013～2014 年有小幅反弹，随后又迅速下降，在 2016 年达到最低值 520.52 t。详见图 6.7。

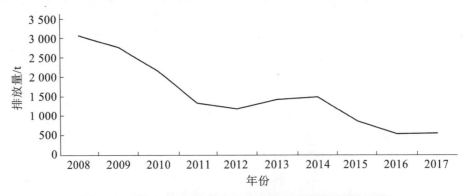

图 6.7　2008～2017 年海南岛直排海污染源氨氮排放量

总氮从 2008 年最高值 4 754.63 t，迅速下降至 2011 年最低值 2 737.73 t，随后在 2 757.44～3 075.94 t 小幅波动。详见图 6.8。

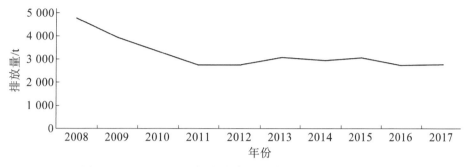

图 6.8 2008～2017 年海南岛直排海污染源总氮排放量

总磷在 2008～2009 年下降幅度较大，从最高值 468.57 t 迅速降至 197.88 t，随后波动性减少，排放量最小值出现在 2016 年，为 92.49 t。详见图 6.9。

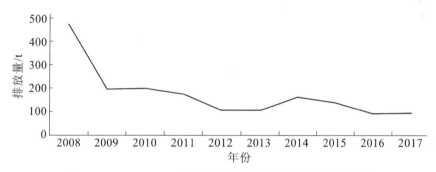

图 6.9 2008～2017 年海南岛直排海污染源总磷排放量

2008～2017 年，海南岛重金属排放较少，且整体呈现持续减少的态势。六价铬在 2008 年排放最多，为 1.76 t；2011～2015 年，稳定在 0.01～0.04 t 波动；最小值出现在 2016～2017 年，近似为 0。总砷在 2009 年排放最多，为 0.55 t；随后几年在 0.01～0.04 t 小幅波动，最低值出现在 2014 年。2008～2009 年，总铅排放量从 1.58 t 最高值降至 1.06 t 次高值，随后几年在 0.1～0.9 t 波动，最低值出现在 2012 年。总汞排放量在 2009 年排放最多，为 0.02 t，随后几年排放量近似为 0。

6.3 各类直排海污染源主要污染物入海量

6.3.1 工业污染源

2017 年，共有 8 个直排海工业源废水排放口，累计排放废水 5 417.70×10⁴ t，化学需氧量为 2 621.31 t，悬浮物为 1 175.94 t，石油类为 1.20 t，氨氮为 118.80 t，总氮为 283.68 t，总磷为 11.18 t。

工业源废水量在 2009 年达到最低值（1 879.77×10⁴ t）后大幅增加，于 2017 年达到最高值（5 417.70×10⁴ t）。详见图 6.10。

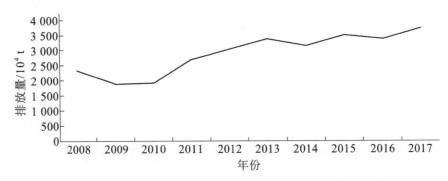

图 6.10　2008～2017 年海南岛直排海工业源废水排放量

工业源化学需氧量在 2008 年达到最高值（3 478.31 t）后，迅速下降到 2009 年最低值（1 279.81 t），2009～2017 年开始缓慢增加，并在 2016 年达到次高值（2 452.9 t）。详见图 6.11。

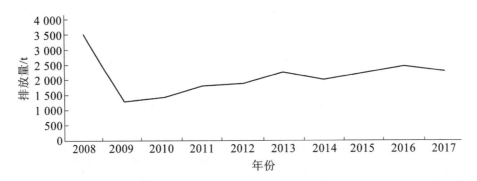

图 6.11　2008～2017 年海南岛直排海工业源化学需氧量排放量

工业源悬浮物自 2008 年起波动下降，在 2015 年达到最低值（326.18 t）后，又迅速逐年大幅增加，在 2017 年达到最高值（990.30 t）。详见图 6.12。

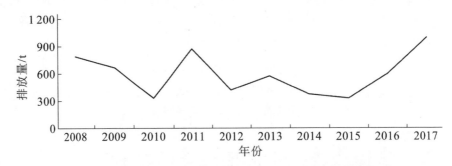

图 6.12　2008～2017 年海南岛直排海工业源悬浮物排放量

2008～2017 年，工业源石油类排放量在不断减少，但在 2011 年突变增加，达到最高值（16.17 t），随后又迅速回落到原有的下降趋势中，在 2016 年达到最低值（0.03 t）。详见图 6.13。

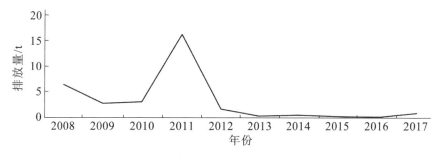

图 6.13　2008～2017 年海南岛直排海工业源石油类排放量

2008～2017 年，工业源氨氮排放量处于波动下降的态势，从 2008 年最高值（166.21 t），波动下降至 2016 年最低值（44.82 t），2017 年略有增加。详见图 6.14。

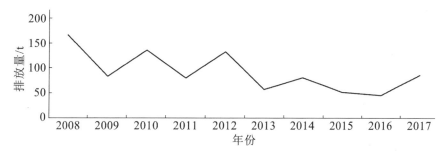

图 6.14　2008～2017 年海南岛直排海工业源氨氮排放量

2014～2015 年，工业源未监测总氮项目。2008～2010 年，总氮排量放在 14.33～24.37 t 的低位波动；自 2011 年开始，总氮排放则在 144.85～240.11 t 波动，最高值出现在 2013 年。详见图 6.15。

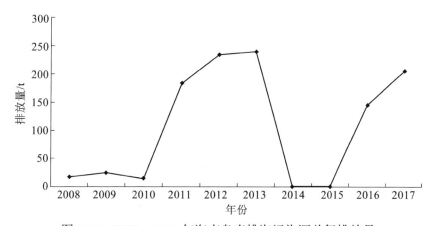

图 6.15　2008～2017 年海南岛直排海污染源总氮排放量

2014～2015 年,工业源未监测总磷项目。2008～2010 年,总磷排放小幅下降,随后开始逐年增加,在 2017 年达到最高值(2.47 t)。详见图 6.16。

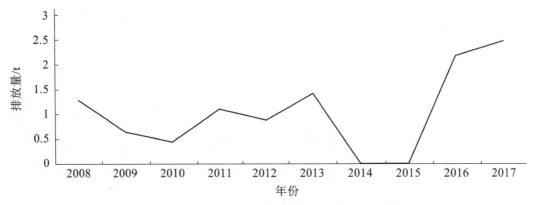

图 6.16　2008～2017 年海南岛直排海污染源总磷排放量

6.3.2　生活污染源

2017 年,共有 8 个直排海生活源排放口,累计排放废水 4 762.55×10⁴ t,化学需氧量为 871.74 t,悬浮物为 198.85 t,石油类为 0.46 t,氨氮为 37.8 t,总氮为 391.82 t,总磷为 17.76 t。

2008～2013 年,生活源废水排放量增长较为平缓,但从 2014 年开始,废水排放量有较大幅度增长,在 2015 年达到最高值(4 986.74×10⁴ t)后,废水排放量略有回落。生活源废水量最低值出现在 2008 年,为 2 093.0×10⁴ t。详见图 6.17。

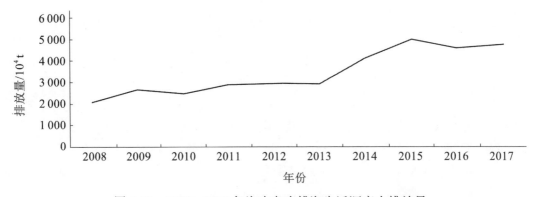

图 6.17　2008～2017 年海南岛直排海生活源废水排放量

自 2008 年起,生活源化学需氧量排放量持续下降,在 2013 年达到最低值(764.37 t)。但在 2014 年,因生活源排放口数量大幅增加,化学需氧量排放也大幅增长,达到最高值(1 433.56 t),随后又开始逐年快速减少。详见图 6.18。

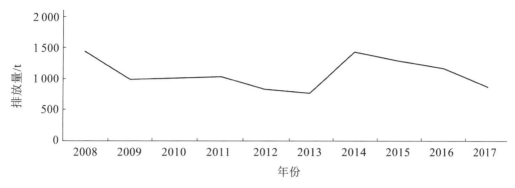

图 6.18　2008～2017 年海南岛直排海生活源化学需氧量排放量

　　2008 年，直排海生活源未监测悬浮物项目。2009～2010 年，生活源悬浮物排放量从 132 t 的最低值，一跃上升到 478.76 t 的最高值，随后开始波段下降。详见图 6.19。

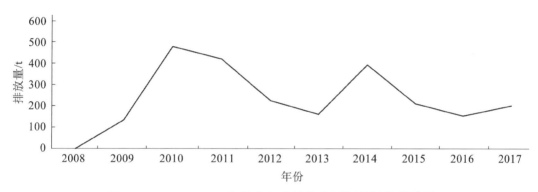

图 6.19　2008～2017 年海南岛直排海生活源悬浮物排放量

　　生活源石油类排放量较小，但波动较大。最大值出现在 2010 年，为 3.41 t。而 2009 年、2012 年及 2013 年，生活源石油类排放为 0。详见图 6.20。

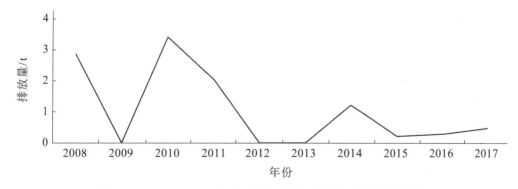

图 6.20　2008～2017 年海南岛直排海生活源石油类排放量

　　生活源氨氮排放量呈现一路下降的态势，从 2008 年最高值（388.6 t）持续下降至 2017 年最低值（37.8 t）。其中在 2014～2015 年，排放量降幅较大。详见图 6.21。

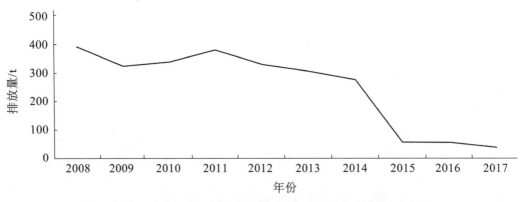

图 6.21　2008～2017 年海南岛直排海生活源氨氮排放量

生活源总氮排放量在 2008～2011 年缓慢增加，达到 676.71 t 的最高值，随后开始波动下降。最低值出现在 2016 年，为 361.9 t。详见图 6.22。

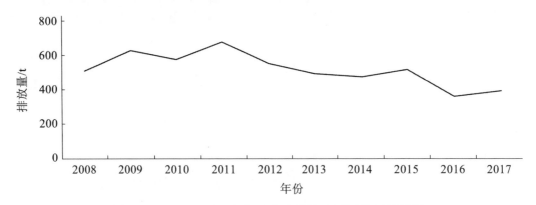

图 6.22　2008～2017 年海南岛直排海生活源总氮排放量

2008～2010 年，生活源总磷呈现快速下降的态势，从 159.54 t 的最高值，降至 36.16 t。总磷虽在 2011 年略有反弹，但随后逐年缓慢下降，在 2017 年达到最低值，为 17.76 t。详见图 6.23。

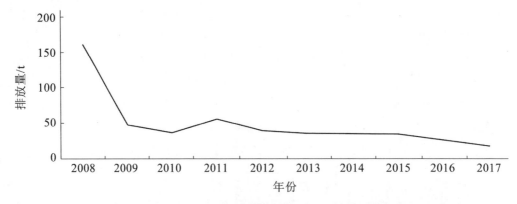

图 6.23　2008～2017 年海南岛直排海生活源总磷排放量

6.3.3　综合污染源

2017 年，共有 11 个综合污染源废水排放口，累计排放量为 19 970.77×10^4 t，化学需氧量为 4 366.42 t，悬浮物为 954.76 t，石油类为 63.10 t，氨氮为 417.31 t，总氮为 2 159.80 t，总磷为 73.10 t。

2008～2011 年，综合源废水排放量从 22 017×10^4 t 的最高值快速下降至 13 972.32×10^4 t 的最低值后，开始逐年缓慢上升。详见图 6.24。

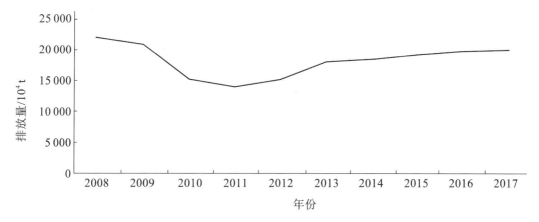

图 6.24　2008～2017 年海南岛直排海综合源废水排放量

综合源化学需氧量在 2008～2011 年快速下降，从 12 431.0 t 的最高值下降至 4 993.57 t；2012～2017 年，排放量维持在 4 210.11～6 610.13 t。最低值出现在 2016 年。详见图 6.25。

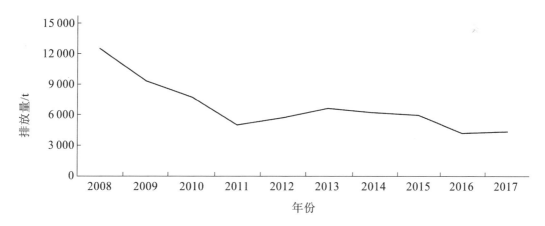

图 6.25　2008～2017 年海南岛直排海综合源化学需氧量排放量

综合源悬浮物呈现跳跃性下降的态势。在 2009 年达到 6 180.0 t 的最高值后，排放量一路下降。尽管在 2012～2014 年有小幅上升，但随后迅速下降，排放量在 2016 年达到最低值（557.92 t）。详见图 6.26。

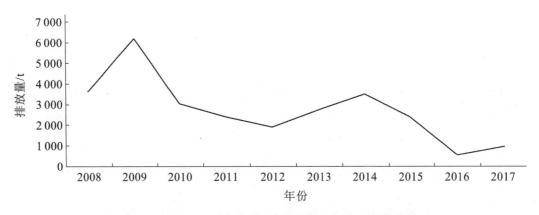

图 6.26 2008～2017 年海南岛直排海综合源悬浮物排放量

综合源石油类在 2009 年达到 189.24 t 的最高值后，迅速下降，在 2011 年达到 54.98 t 的最低值。2012～2017 年，排放量则在 63.10～103.02 t 波动。详见图 6.27。

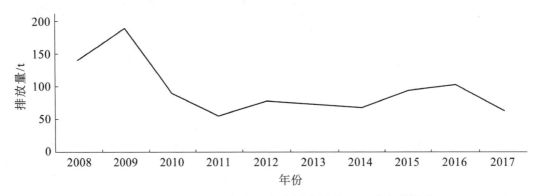

图 6.27 2008～2017 年海南岛直排海综合源石油类排放量

综合源氨氮的走势与综合源化学需氧量的走势趋同，从 2008 年的最高值（2 507.61 t）一路下降至 2017 年的最低值（417.31 t）。详见图 6.28。

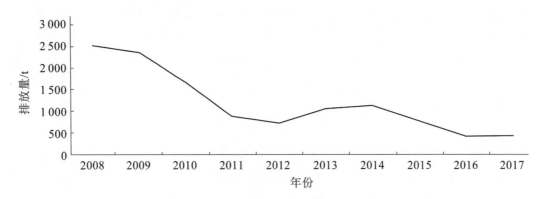

图 6.28 2008～2017 年海南岛直排海综合源氨氮排放量

综合源总氮从 2008 年的最高值(4 224.96 t)快速下降至 2011 年的最低值(1 877.63 t)后,开始缓慢回升,在 2017 年达到 2 159.8 t。详见图 6.29。

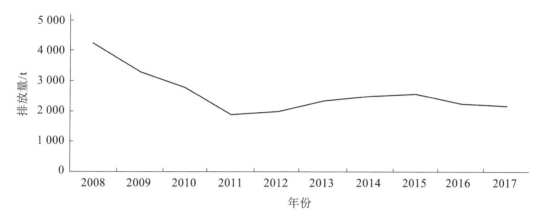

图 6.29　2008～2017 年海南岛直排海综合源总氮排放量

综合源总磷从 2008 年的最高值(307.76 t)快速下降至 2012 年的次低值(65.59 t),随后在 65.41～103.86 t 波动,最低值出现在 2016 年。详见图 6.30。

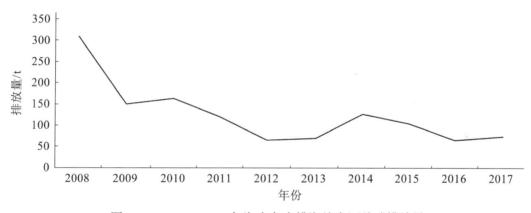

图 6.30　2008～2017 年海南岛直排海综合源总磷排放量

6.4　小　　结

2008～2017 年,海南省直排海污染源排放口数量及废水排放总量持续增加,但废水达标率也持续增加,废水中主要污染物(化学需氧量、悬浮物、石油类、氨氮、总氮及总磷)排放量持续下降。各类型污染源中,直排海综合源所占比例较大。

第 7 章　质量保证及质量控制

7.1　总体安排

海南省环境监测中心站全面负责海南省近岸海域监测质量保证和质量控制管理工作，进行技术指导、检查与评估；每年组织开展实验室能力验证，组织相关技术培训；开展近岸海域环境监测质量控制检查工作。

各市县监测站根据年度监测方案，在近岸海域水质、入海河流污染物通量和直排海污染源入海量监测中，全面加强和规范相应的质量保证和质量控制工作。参加监测的单位基本上通过了计量认证，仅文昌市环境监测站由于证书过期，未按期进行复评审，监测工作由海南省环境监测中心站负责实施。各站在人员培训、监测仪器设备的管理、监测分析方法的选定、样品采集、样品运输、实验室分析、数据处理的全过程中，按照标准和规范要求，全面实施监测的质量保证和质量控制措施，包括采样瓶检测、现场空白样、现场平行样、实验室平行样和质控样分析等质控手段，控制分析结果的精密度和准确度，保证监测结果的科学有效。

7.2　人员保障

各市县监测站均能执行环境监测人员持证上岗考核制度。监测人员根据岗位进行相关的技术培训,经上岗考核合格,持相应岗位的合格证,基本符合环境监测人员持证上岗考核制度的要求。新进人员或者工作岗位变动人员在持证人员的指导和监督下开展工作,其监测工作质量由持证指导人员负责。

7.3　仪器设备保障

使用的监测仪器设备均经有资质的计量部门检定或校准合格,并在检定的有效期内做好期间核查,仪器使用前后检查运行情况并详细记录,定期对仪器进行维护保养,保证仪器设备性能可靠,并满足实际监测要求。

7.4　样品采集和运输

海水水质样品采集、贮存和运输均按《海洋监测规范 第3部分:样品采集、贮存与运输》(GB 17378.3—2007)的要求执行,入海河流和直排海污染源的样品采集贮存和运输均按《地表水和污水监测技术规范》(HJ/T 91—2002)的要求执行。除对器具、样品存放环境进行必要的防沾污处理外,采样过程采集一定比例的现场空白样和现场平行样以进行质量控制。现场采样记录、样品交接流转记录齐全。

7.5　实验室质量控制和数据处理

实验室分析各站均能采取实验室空白、平行、加标回收和标准物质比对分析、方法比较分析等各种行之有效的质控手段,对分析过程进行严格的质量控制,并对质控数据进行合格判定。

监测数据处理按照《海洋监测规范》(GB 17378—2007)《地表水和污水监测技术规范》(HJ/T 91—2002)执行,使用法定计量单位,按文件要求的统一格式上报。严格实行监测数据和报告的三级审核制,对异常监测数据反复核实、查找原因,保证监测数据的准确和有效。

第 8 章 结论与建议

8.1 结　　论

(1) 海南国际旅游岛建设十年间, 海南岛近岸海域整体水质稳中趋优

海南国际旅游岛建设十年间, 海南岛近岸海域整体水质不断提升, 水质由良好上升为优, 局部海域水质有所波动。其中, 总体水质优良率介于 84.5%～97.6%, 2017 年水质优良率较 2008 年上升 11.9 个百分点, 水质由良好上升为优, 仅 2012 年和 2015 年出现劣四类海水, 比例分别为 2.2% 和 5.4%。海南岛 4 个区域近岸海域中, 南部近岸海域水质最佳, 历年监测结果均为优。西部近岸海域水质次之, 以优为主; 海南国际旅游岛建设初期有三年水质为良好, 2017 年水质优良率与 2008 年保持一致, 但一类海水比例上升 40.5 个百分点。东部近岸海域水质较好, 以优和良好为主, 仅 2008 年水质为一般; 2017 年水质优良率较 2008 年上升 18.3 个百分点。北部近岸海域水质以良好为主, 2017 年水质上升为优; 2017 年水质优良率较 2008 年上升 3.4 个百分点, 但一类海水比例上升 62.4 个百分点。

海南国际旅游岛建设十年间, 12 个沿海市县所辖海域水质总体持续优良, 但不同海域间存在明显差异。其中, 琼海市、陵水县、昌江县、儋州市和澄迈县 5 个市县水质最佳, 十年间以优为主; 三亚市、文昌市、乐东县、东方市和临高县 5 个市县十年间水质以优和良好为主; 海口市水质以良好为主；万宁市近岸海域受小海影响，十年间水质以一般为主。

海南国际旅游岛建设十年间，海南岛近岸海域污染物以无机氮、石油类、化学需氧量和活性磷酸盐为主，不同海域主要污染物略有差异。其中，东部近岸海域污染物以化学需氧量影响为主；北部近岸海域污染物以无机氮、活性磷酸盐和石油类为主；西部近岸海域各项污染物均低于其他海域。12 个沿海市县主要污染物种类各有差异，无机氮污染主要出现在海口市。文昌市、琼海市、万宁市的化学需氧量浓度略高于其他市县。海南国际旅游岛建设十年间，海南岛主要污染物浓度基本保持稳定，未见明显上升，个别污染物年均浓度有所下降。其中，无机氮年均值在小范围内波动，单次超标率波动性下降；石油类年均值和单次超标率均呈波动性下降趋势；化学需氧量年均值在小范围内波动，单次超标率波动性较大，近年有所反弹；活性磷酸盐年均值在 2013 年后持续下降，单次超标率保持低水平波动。

海南国际旅游岛建设十年间，海南省主要滨海旅游区水质持续保持为优，一类海水比例介于 72.2%～95.0%，呈波动性上升趋势。无机氮、活性磷酸盐、化学需氧量年均值均未超标，万宁市至昌江县之间的 11 个主要滨海旅游区各项监测指标年均值均处于极低水平。

海南国际旅游岛建设十年间，海南省重点海湾和重要港口水质基本优良。其中，12 个重点海湾水质基本优良，但海口湾、铺前湾、八门湾和小海水质波动较大，水质波动与人类活动和海水交换能力密切相关。8 个重点港口水质基本优良，水质优良率介于40.0%～100.0%，呈波动性上升趋势。污染水体主要出现在海口市秀英港和三亚市三亚港；文昌市清澜港和三亚市榆林港个别年份出现污染水体。

海南国际旅游岛建设十年间，三大重点工业园区和三大河流入海口近岸海域水质稳定。其中，三大重点工业园区受工业活动影响不明显。无机氮、活性磷酸盐、化学需氧量、石油类等常规监测项目均处于较低水平。特征污染物铅和砷虽有检出，但年均值处于极低水平；苯系物、卤代烃和甲醇均未检出。三大河口近岸海域水质保持稳定。其中，南渡江入海口三连村水质以二类为主，万泉河入海口博鳌湾和昌化江入海口昌化港口区水质以一类为主。

（2）*海南国际旅游岛建设十年间，海南岛近岸海域沉积物总体持续优良*

国际旅游岛建设十年间，海南岛近岸海域沉积物保持优良，一类沉积物比例介于69.0%～100%。其中，海南岛东部近岸海域沉积物质量最好，北部近岸海域沉积物质量较差。澄迈县近岸海域沉积物受铬和砷影响显著，沉积物质量略低于其他市县。影响海南岛近岸海域沉积物质量的因子为铬、砷和铅，但浓度均未超二类标准限值，仅在低浓度范围内波动。

（3）*海南国际旅游岛建设十年间，海南岛近岸海域浮游动植物和底栖生物质量*
   总体有所改善

国际旅游岛建设十年间，海南岛近岸海域浮游植物生境质量波动性上升，生境优良率为 37.9%～81.0%，2017 年生境优良率较 2008 年上升 43.1 个百分点，总体呈升高趋势。

种类数量和多样性指数呈现上升趋势,丰度整体呈现下降的趋势。海南岛近岸海域浮游植物主要种类为硅藻和甲藻,南部和东部近岸海域浮游植物的种类较多,优良率较高。

国际旅游岛建设十年间,海南岛近岸海域浮游动物生境质量总体有所改善,优良率介于 24.1%~93.1%,2017 年生境优良率较 2008 年上升 69.0 个百分点,总体呈升高趋势。种类数量和多样性指数呈现逐年升高的趋势,丰度则先升后降。海南岛近岸海域浮游动物主要种类为桡足类、腔肠动物和浮游幼虫,南部和东部近岸海域浮游植物的种类较多,优良率较高。

国际旅游岛建设十年间,海南岛近岸海域底栖生物生境质量保持稳定,整体水平较低。优良率介于 0%~55.2%,2011 年后生境质量在低水平波动。底栖生物种类数量、栖息密度和多样性指数均呈现升高趋势,但生物量整体呈下降趋势。大型底栖生物以环节动物和节肢动物为主,南部和东部近岸海域底栖生物种类一般较多,生境质量相对较高。

（4）海南国际旅游岛建设十年间,海南省主要入海河流水质优良率波动上升

国际旅游岛建设十年间,海南省主要入海河流监测断面不断优化,全岛入海河流水环境质量总体优良,与 2009 年末比较,2017 年水质优良率上升 24.2%,其中 I 类、II 类水质比例增加 22.6%,III 类水质比例基本保持不变,IV 类水质下降 24.2%,自 2010 年后劣 V 类水质基本不再出现。从主要污染物入海量看,化学需氧量入海量最大,其次为高锰酸盐指数,最小为总磷;总体上化学需氧量入海量波动较明显,高锰酸盐指数入海量波动不大,总氮、氨氮和总磷入海量变化不大并呈下降趋势;污染物入海量最大的河流为南渡江,其次依次为昌化江、万泉河、藤桥河、宁远河、文昌河。

（5）海南国际旅游岛建设十年间,海南省直排海污染源废水达标率持续增加

海南国际旅游岛建设十年间,海南省直排海污染源排放口数量及废水排放总量持续增加,但废水达标率也持续增加,废水中主要污染物（化学需氧量、悬浮物、石油类、氨氮、总氮及总磷）排放量持续下降。各类型污染源中,直排海综合源所占比例较大。

8.2　建　议

（1）河海兼顾,区域联动,开展陆海统筹水污染防治工作

按照"从山顶到海域""海陆一盘棋"的理念,统筹陆域和海域污染防治工作,增强近岸海域污染防治和生态保护的系统性、协同性。控制陆源污染排放,提高污染源排放控制和入海河流水质管理的精细化水平,开展入海河流综合整治,规范入海排污口管理。加强污染物排放控制。加快完善城镇污水处理设施升级改造,提高城镇污水处理设施氮磷去除能力。加强畜禽养殖与农村面源污染控制,加大对规模化畜禽养殖废弃物的综合利用,对于小型分散畜禽养殖、农村生活、农业种植等面源,结合农村环境综合整治工作,推进建设分散型污水处理、生态拦截沟、湿地净化等工程措施,整体控制陆源污染物对近岸海域的影响。

（2）加强海上污染源控制

加强船舶港口污染源防治。加快建立并完善船舶、港口污染防治相关法律法规和标准体系，推进船舶结构调整，加快建设船舶污染物接收处置设施，加强污染物排放监测和监管，提升船舶与港口码头污染事故应急处置能力，全面推进船舶港口污染防治工作。

控制海水养殖污染。科学划定养殖区、限养区和禁养区，落实水产养殖项目环境影响评价制度，完善水产养殖环保处理设施，推进水产养殖池塘标准化改造，鼓励发展深远海养殖，支持推广深水抗风浪养殖网箱。发展水产健康养殖，加强养殖投入品管理，加强水产养殖环节用药的监督抽查。

（3）划定并严守生态保护红线，加强海洋生物多样性保护

严格控制围填海和占用自然岸线的开发建设活动，保护典型海洋生态系统和重要渔业水域。

加强海洋生物多样性保护。开展海洋生物多样性本底调查与编目，加强海洋生物多样性监测预警能力建设，提高海洋生物多样性保护与管理水平。

对于重要的湿地，要通过设立国家公园、湿地自然保护区、湿地公园、水产种质资源保护区、海洋特别保护区等方式加强保护，在生态敏感和脆弱区加快保护管理体系建设。

（4）强化近岸海域水质退化区域的污染防治

突出重点，全面推行"湾长制"，对水质较差的重点海湾实施生态修复。针对各近岸海域环境问题的特点，合理设计污染防治方案，管理措施与工程措施并举，生态系统自然修复与人工修复相结合。加快沿海市县创新发展和绿色转型。推动产业升级，引领新兴产业和现代服务业发展。优化海水养殖空间布局。

（5）提升海洋生态环境监控能力

加强近岸海域环境监测监控能力建设，推进近岸海域环境信息共享。定期开展陆源污染与近岸海域环境形势分析，动态跟踪方案实施情况，进行近岸海域环境预警，及时发现和解决近岸海域突出的环境问题。以水质监测为基础，对富营养化、石油污染等问题作为重点关注对象，聚焦污染压力，对陆源、海源和气源污染进行监控。以河口海湾为重点，强化重点区域、主要入海直排源、河流污染物入海通量监测工作。进一步加强沿海市县近岸海域环境监测基础设施建设，提升近岸海域环境监测能力。

（6）建立海陆一体的海洋生态环境监测体系

以全面反映海洋生态环境质量为导向，通过天地一体化的技术手段，构建海陆一体的海洋生态环境监测体系，能够反映海南省管辖海域生态环境质量及变化趋势，摸清主要污染源和潜在的环境风险，反映人类活动对不同环境功能区水质变化的影响，反映环境变化对不同生态系统的影响。发展海洋生态环境质量监测和评价技术，提高海洋环境监测网络能力和水平，满足海洋生态环境保护工作需要，服务公众，满足人民对海洋环境的知情权。

附录 A 近岸海域水质

A.1 海水水质

A.1.1 监测概况

2008～2017年，海南岛近岸海域按照《近岸海域环境监测规范》（HJ 442—2008）开展海水水质监测，监测频次为每年上半年、下半年各一次，2016年按照中国环境监测总站要求，监测频次增加为每年枯水期、丰水期、平水期各一次。监测项目及评价标准执行《海水水质标准》（GB 3097—1997）（病原体和放射性核素除外），上半年/枯水期开展全项目监测，下半年/丰水期、平水期仅开展水温、水深、盐度、悬浮物、pH、溶解氧、化学需氧量、石油类、活性磷酸盐、无机氮、汞、铜、铅、镉、非离子氨15项必测项目监测。监测点位经过2013年和2016年的2次优化，由45个点位逐步调整为84个点位，更加全面地反映海南岛近岸海域水质状况。

表 A.1 2008～2017年海南岛近岸海域水质监测信息表

序号	点位名称	所在市县	备注	序号	点位名称	所在市县	备注
1	天尾角	海口市		15	亚龙湾	三亚市	
2	三连村	海口市		16	坎秧湾近岸	三亚市	
3	铺前湾	海口市		17	大东海	三亚市	
4	海口湾	海口市		18	三亚湾	三亚市	
5	秀英港	海口市	2013年撤销	19	天涯海角	三亚市	
6	寰岛	海口市	2013年撤销	20	梅山镇近岸	三亚市	
7	东水港	海口市	2013年撤销	21	潮见桥	三亚市	2016年撤销
8	东寨港红树林	海口市		22	三亚港	三亚市	
9	桂林洋	海口市		23	三亚大桥	三亚市	2016年撤销
10	假日海滩	海口市		24	南山角	三亚市	
11	秀英港区	海口市	2013年新增	25	铁炉港养殖区	三亚市	2013年撤销
12	海口湾度假旅游区	海口市		26	榆林港	三亚市	
13	新海港区	海口市		27	蜈支洲岛	三亚市	
14	合口港湾近岸	三亚市		28	西岛	三亚市	

续表

序号	点位名称	所在市县	备注	序号	点位名称	所在市县	备注
29	铁炉港度假旅游区	三亚市	2013年新增	54	青葛港	琼海市	
30	崖州养殖区	三亚市	2013年新增	55	博鳌港	琼海市	2013年撤销
31	桥头金牌	澄迈县		56	琼海麒麟菜自然保护区	琼海市	2013年新增
32	马村港	澄迈县		57	潭门渔港	琼海市	2013年新增
33	盈滨半岛	澄迈县	2013年新增	58	兵马角	儋州市	
34	临高近岸	临高县		59	新英湾养殖区	儋州市	
35	美夏区	临高县	2013年撤销	60	洋浦湾	儋州市	
36	马袅区	临高县		61	洋浦鼻	儋州市	
37	金牌港	临高县		62	海头港渔业养殖区	儋州市	
38	新美夏区	临高县	2013年新增	63	头东村养殖区	儋州市	
39	后水湾	临高县	2013年新增	64	三都海域	儋州市	2013年撤销
40	新盈渔港	临高县	2013年新增	65	洋浦港	儋州市	
41	昌江近岸	昌江县		66	新三都海域	儋州市	2013年新增
42	昌化港口区	昌江县		67	观音角	儋州市	2013年新增
43	棋子湾度假旅游区	昌江县	2013年新增	68	求雨村养殖区	乐东县	2013年撤销
44	昌江核电	昌江县	2013年新增	69	望楼港养殖区	乐东县	2013年撤销
45	香水湾	陵水县		70	莺歌海	乐东县	2013年新增
46	陵水湾	陵水县		71	龙栖湾	乐东县	2013年新增
47	黎安港	陵水县		72	龙沐湾	乐东县	2013年新增
48	新村港养殖区	陵水县	2013年撤销	73	抱虎港湾	文昌市	
49	新村港度假旅游区	陵水县	2013年新增	74	抱虎角	文昌市	
50	陵水湾养殖区	陵水县	2013年新增	75	铜鼓岭近岸	文昌市	
51	土福湾	陵水县	2013年新增	76	东郊椰林	文昌市	
52	潭门港湾	琼海市		77	八门湾养殖区	文昌市	2013年撤销
53	博鳌湾	琼海市		78	清澜港	文昌市	

续表

序号	点位名称	所在市县	备注	序号	点位名称	所在市县	备注
79	冯家湾滨海娱乐区	文昌市		90	英豪半岛度假旅游区	万宁市	2013 年新增
80	清澜红树林自然保护区	文昌市		91	八所化肥厂外	东方市	
81	八门湾度假旅游区	文昌市	2013 年新增	92	乐东–东方近岸	东方市	
82	木兰头	文昌市	2013 年新增	93	八所港	东方市	
83	高隆湾	文昌市	2016 年新增	94	东方盐场	东方市	2013 年撤销
84	月亮湾	文昌市	2016 年新增	95	北黎河口养殖区	东方市	2013 年撤销
85	大洲岛	万宁市		96	感恩养殖区	东方市	2013 年新增
86	小海	万宁市		97	黑脸琵鹭省级自然保护区	东方市	2013 年新增
87	石梅湾	万宁市		98	金月湾旅游度假区	东方市	2016 年新增
88	乌场	万宁市		99	东方北部养殖区	东方市	2016 年新增
89	山钦湾度假旅游区	万宁市	2013 年新增	/			

A.1.2　评价方法

近岸海域水质评价采用《海水水质标准》（GB 3097—1997），评价项目为《海水水质标准》（GB 3097—1997）中除放射性核素和病原体外的所有项目。水质类别采用单因子评价方法，即某一测站所有监测项目中任一监测项目年均值超过一类标准的为二类水质，依此类推，将监测点位水质划分为一类、二类、三类、四类、劣四类。均值和超标率均以样品个数为计算单元，超标率计算统一采用《海水水质标准》（GB 3097—1997）中的二类海水标准。

表 A.2　测站海水水质级别表

水质类别	一类海水	二类海水	三类海水	四类海水	劣四类海水
水质状况级别	优	良好	一般	差	极差

表 A.3　区域海水水质状况分级

确定依据	水质状况级别
一类≥60%，且一类、二类≥90%	优
一类、二类≥80%	良好
一类、二类≥60%，且劣四类≤30%； 一类、二类<60%，且一类至三类≥90%	一般
一类、二类<60%，且劣四类≤30%；30%<劣四类≤40%； 一类、二类<60%，且一类至四类≥90%	差
劣四类>40%	极差

A.2　主要滨海旅游区

2010～2017 年，为响应国际旅游岛建设方针，宣传环境优势，海南省开展主要滨海旅游区近岸海域海水水质监测，监测频次为每季度一次。监测项目为水温、透明度、pH、盐度、溶解氧、化学需氧量、无机氮（亚硝酸盐氮、硝酸盐氮、氨氮）、活性磷酸盐、粪大肠菌群共 9 项。评价标准执行《海水水质标准》（GB 3097—1997）。监测点位最初为海口市至三亚市沿海 7 个市县 18 个知名度较高的滨海旅游区，随着滨海旅游区的不断开发，监测范围也逐渐扩大，2011 年新增三亚市海棠湾点位，2014 年新增昌江县棋子湾点位。

表 A.4　2010～2017 年海南省主要滨海旅游区近岸海域水质监测信息表

序号	点位名称	所在市县	序号	点位名称	所在市县	备注
1	假日海滩	海口市	11	香水湾	陵水县	
2	桂林洋	海口市	12	清水湾	陵水县	2013 年更名
3	东寨港红树林	海口市	13	亚龙湾	三亚市	
4	澄迈县盈滨半岛	澄迈县	14	大东海	三亚市	
5	铜鼓岭	文昌市	15	三亚市湾	三亚市	
6	东郊椰林	文昌市	16	天涯海角	三亚市	
7	高隆湾	文昌市	17	蜈支洲岛	三亚市	
8	冯家湾	文昌市	18	西岛	三亚市	
9	博鳌湾	琼海市	19	棋子湾	昌江县	2014 年新增
10	石梅湾	万宁市	20	海棠湾	三亚市	2011 年新增

评价方法详见 A.1.2。

A.3 重 点 海 湾

为摸清海南岛受人类活动影响较大的封闭或半封闭海湾水质变化趋势,选取沿海 11 个海湾已有监测的点位着重研究,监测频次、监测项目均与当期水质监测相同,评价标准及方法详见 A.1.2。

表 A.5 2008～2017 年海南省重点海湾近岸海域水质监测信息表

序号	海湾名称	点位名称	所属市县	备注
1	海口湾	海口湾	海口市	
		海口湾度假旅游区	海口市	2015 年新增
		假日海滩	海口市	
		秀英港区	海口市	2013 年新增
2	铺前湾 (含东寨港)	东寨港红树林	海口市	
		桂林洋	海口市	
		铺前湾	海口市	
3	八门湾	八门湾度假旅游区	文昌市	
		清澜港	文昌市	
		清澜红树林自然保护区	文昌市	2011 年新增
4	小海	小海	万宁市	
5	陵水湾	陵水湾	陵水县	
		陵水湾养殖区	陵水县	2013 年新增
		土福湾	陵水县	2013 年新增
6	海棠湾	合口港近岸	三亚市	
		蜈支洲岛	三亚市	2011 年新增
7	亚龙湾	亚龙湾	三亚市	
8	三亚湾	南山角	三亚市	
		三亚湾	三亚市	
		天涯海角	三亚市	
		西岛	三亚市	2011 年新增
9	崖州湾	梅山镇近岸	三亚市	
		崖州养殖区	三亚市	2013 年新增

序号	海湾名称	点位名称	所属市县	备注
10	新英湾	新英湾养殖区	儋州市	
11	后水湾	头东村养殖区	儋州市	
		后水湾	临高县	2013 年新增
		新盈渔港	临高县	2013 年新增

A.4　重要港口

为摸清海南岛人类活动较频繁的港口水质变化趋势，选取沿海 8 个重要港口监测点位着重研究，监测频次、监测项目均与当期水质监测相同，评价标准及方法详见 A.1.2。

表 A.6　2008～2017 年海南省重要港口近岸海域水质监测信息表

序号	测点名称	所属市县	备注	序号	测点名称	所属市县	备注
1	秀英港区	海口市		5	三亚港	三亚市	
2	清澜港	文昌市		6	八所港	东方市	
3	潭门渔港	琼海市	2013 年新增	7	洋浦港	洋浦	2011 年新增
4	榆林港	三亚市	2011 年新增	8	马村港	澄迈县	

A.5　重点工业园区

2009～2017 年，为响应国际旅游岛建设方针，密切关注重点工业园区近岸海域水质变化趋势。海南省在澄迈县老城经济开发区、洋浦经济开发区和东方工业园区三大重点工业园区近岸海域开展海水水质监测，监测频次为每季度一次。监测项目为水温、透明度、pH、盐度、溶解氧、化学需氧量、无机氮（亚硝酸盐氮、硝酸盐氮、氨氮）、活性磷酸盐、石油类、悬浮物，共 10 项。2015 年起，针对重点工业园区产业特点，在常规监测项目的基础上增测特征项目，其中洋浦工业园区增测卤代烃、苯系物、铅、砷等，东方工业园区增测甲醇。评价标准执行《海水水质标准》（GB 3097—1997）。评价方法详见 A.1.2。

A.6　三大河口

为摸清海南岛陆源污染对近岸海域水质的影响情况，研究河口近岸海域水质变化趋势，选取海南省三大江入海口近岸海域开展水质变化趋势分析。监测频次、监测项目均与当期水质监测相同，评价标准及方法详见 A.1.2。

表 A.7　2008～2017 年海南省三大河口近岸海域水质监测信息表

序号	测点名称	入海河流	入海河口监测断面
1	三连村	南渡江	儒房
2	博鳌湾	万泉河	汀洲
3	昌化港口区	昌化江	大风

附录 B　近岸海域沉积物

B.1　监 测 概 况

2008～2017 年，海南岛近岸海域按照《近岸海域环境监测规范》（HJ 442—2008）开展沉积物质量监测，2008 年、2011 年、2013 年、2015 年和 2017 年各开展一次监测，共监测 5 次。2017 年监测点位由 29 个调整为 34 个，更加全面地反映海南岛近岸海域沉积物质量状况。

表 B.1　2008～2017 年海南省近岸海域沉积物监测信息表

序号	测点名称	所属市县	序号	测点名称	所属市县	备注
1	天尾角	海口市	18	博鳌湾	琼海市	
2	三连村	海口市	19	八所化肥厂外	东方市	
3	铺前湾	海口市	20	乐东–东方近岸	东方市	
4	海口湾	海口市	21	黑脸琵鹭省级自然保护区	东方市	2017 年新增
5	合口港近岸	三亚市	22	兵马角	儋州市	
6	亚龙湾	三亚市	23	新英湾养殖区	儋州市	
7	坎秧湾近岸	三亚市	24	洋浦湾（原洋浦湾）	儋州市	
8	大东海	三亚市	25	洋浦鼻	儋州市	
9	三亚湾	三亚市	26	新三都海域	儋州市	2017 年新增
10	天涯海角	三亚市	27	莺歌海	乐东县	2017 年新增
11	梅山镇近岸	三亚市	28	临高近岸	临高县	
12	大洲岛	万宁市	29	香水湾	陵水县	
13	抱虎港湾	文昌市	30	陵水湾	陵水县	
14	抱虎角	文昌市	31	昌江近岸	昌江县	
15	铜鼓岭近岸	文昌市	32	棋子湾度假旅游区	昌江县	2017 年新增
16	东郊椰林	文昌市	33	桥头金牌	澄迈县	
17	潭门港湾	琼海市	34	马村港	澄迈县	2017 年新增

B.2　评价方法

近岸海域沉积物质量评价采用《海洋沉积物质量》(GB 18668—2002)，年均值和超标率均以样品个数为计算单元，超标率计算统一采用《海洋沉积物质量》(GB 18668—2002)中的一类海洋沉积物标准，评价项目为铬、石油类、砷、铜、锌、镉、铅、汞、硫化物、有机碳、多氯联苯（总量）、六六六（总量）、滴滴涕、大肠菌群和粪大肠菌群共 15 项。沉积物质量类别以年均值划分，采用单因子评价法。年均值和超标率均以样品个数为计算单元，超标率计算统一采用《海洋沉积物质量》(GB 18668—2002)中的二类沉积物标准。

表 B.2　沉积物质量级别表

沉积物质量类别	沉积物质量级别
一类沉积物质量	优良
二类沉积物质量	一般
三类沉积物质量	差
四类沉积物质量	极差

表 B.3　区域沉积物质量分级

确定依据	沉积物质量级别
优于二类沉积物质量比例≥85%	优良
优于二类沉积物质量比例<85%，且劣三类沉积物质量比例≤30%	一般
优于二类沉积物质量比例<85%，且劣三类沉积物质量比例≤50%	差
劣于三类沉积物质量比例≥50%	极差

附录 C 海 洋 生 物

C.1 监 测 概 况

2008～2017年，海南岛近岸海域按照《近岸海域环境监测规范》（HJ 442—2008）开展海洋生物监测，监测点位及监测频次均与沉积物质量监测保持一致。评价项目为浮游植物、浮游动物及底栖生物的种类组成（特别是优势种分布）、种类多样性、均匀度、丰度及栖息密度等。

C.2 评 价 方 法

采用《近岸海域环境监测规范》（HJ 442—2008），主要用香农–韦弗多样性指数法对生物环境质量等级进行评价。

多样性指数：采用种类和数量信息函数表示的香农–韦弗（Shannon-Weaver，1963）多样性指数：

$$H' = -\sum_{i=1}^{s} \left(\frac{n_i}{N}\right) \log_2 \left(\frac{n_i}{N}\right)$$

式中：H' 为种类多样性指数；S 为样品中的种类总数；n_i 为第 i 种的个体数；N 为总个体数。

均匀度：反映种间个体分布均匀程度，J 值越大（接近1），分布越均匀。我们采用的是皮诺（Pielou）的计算式：

$$J = \frac{H'}{H_{\max}}$$

式中：J 为均匀度；H' 为多样性指数；$H_{\max}$ 为多样性指数的最大值（$\log_2 S$）。

优势度：是与均匀度相对应的指数，指数为0～1。在污染环境中，个体数的分布可能集中在少数耐污染种类上，使其指数值较高。公式为

$$D_2 = \frac{N_1 + N_2}{\text{NT}}$$

式中：D_2 为优势度；N_1 为样品中第一优势种的个体数；N_2 为样品中第二优势种的个体数；NT 为样品中的总个体数。

海域生境质量现状采用《近岸海域环境监测规范》（HJ 442—2008）中的香农–韦弗生物多样性指数法进行评价。$H' \geq 3.0$，生境质量等级为优良；$2.0 \leq H' < 3.0$，生境质量等级为一般；$1.0 \leq H' < 2.0$，生境质量等级为差；$H' < 1.0$，生境质量等级为极差。

附录 D 入海河流

D.1 监测概况

　　海南岛地势中部高四周低,比较大的河流大都发源于中部山区,组成辐射状水系,全岛独流入海的河流共 154 条,其中南渡江、昌化江和万泉河为三大河流,集水面积均超过 3 000 km²。南渡江发源于白沙黎族苗族自治县,流经白沙黎族苗族自治县、琼中黎族苗族自治县、儋州市、澄迈县、屯昌县、定安县等市县至海口市入海;昌化江发源于琼中黎族苗族自治县,流经琼中黎族苗族自治县、五指山市、乐东县、东方市等市县至昌江县昌化港入海;万泉河发源于琼中黎族苗族自治县,流经琼中黎族苗族自治县、万宁市等市县至琼海市博鳌入海。海南省对入海河流断面水质开展常规监测始于 2007 年,监测点位最初布设 12 个,2008 年增加 1 个,2009 年增加至 20 个,2016 年以后增加至 24 个,监测断面涵盖了北部海口市,东部文昌市、琼海市、万宁市,南部三亚市、陵水县、乐东县,西部儋州市、临高县、昌江县、东方市等主要沿海地区入海河流,入海河流水质的环境监测和管理得到不断增强。2009~2015 年监测的入海河流断面固定为 20 个,2016~2017 年在往年基础上删减 1 个、新增 5 个监测断面。从可比性角度,本次主要分析 2009~2017 年相同的 19~20 个入海河流断面水质情况。2009~2012 年,监测频次为单月开展监测,2013~2017 年,增加监测频次,改为每月开展监测。监测项目按照《地表水环境质量标准》(GB 3838—2002)表 1 及表 2 项目开展。

表 D.1　2009~2017 年海南省入海河流入海断面监测信息表

序号	水体名称	断面名称	所属市县	受纳海域监测点位	备注
1	南渡江	儒房	海口市	三连村	
2	海甸溪	华侨宾馆	海口市	海口湾、假日海滩、秀英港区	2016 年撤销
3	演州河	演州河河口	海口市	东寨港	
4	宁远河	崖城大桥	三亚市	崖州养殖区	
5	藤桥东河	藤桥河大桥	三亚市	藤桥河大桥	
6	太阳河	分洪桥	万宁市	乌场、大洲岛	
7	龙首河	和乐桥	万宁市	小海	
8	龙尾河	后安桥	万宁市		
9	东山河	后山村	万宁市		

续表

序号	水体名称	断面名称	所属市县	受纳海域监测点位	备注
10	文教河	坡柳水闸	文昌市	清澜红树林自然保护区	
11	文昌河	水涯新区	文昌市	八门湾养殖区	
12	万泉河	汀洲	琼海市	博鳌湾	
13	九曲江	羊头外村桥	琼海市		
14	罗带河	罗带铁路桥	东方市	八所化肥厂外	
15	北门江	中和桥	儋州市	新英湾养殖区	
16	望楼河	乐罗	乐东县	龙栖湾	
17	文澜江	白仞滩电站	临高县	马袅区	
18	陵水河	大溪村	陵水县	香水湾	
19	珠碧江	上村桥	儋州市	海头港渔业养殖区	
20	昌化江	大风	昌江县	昌化港口区	

D.2 评价方法

断面水质类别判定采用单因子类别评价法,凡有一项评价指标超过Ⅰ类标准的即评价为Ⅱ类水质,依此类推,将河流断面水质划分为Ⅰ类、Ⅱ类、Ⅲ类、Ⅳ类、Ⅴ类、劣Ⅴ类。

附录 E 直排海污染源

E.1 监 测 概 况

2008～2017 年,海南省直排海污染源监测按照《陆域直排海污染源监测技术要求(试行)》(总站海字〔2007〕152 号)和《关于更新入海河流和直排海污染源监测技术要求的通知》(总站海字〔2011〕92 号)开展直排海污染源监测,监测频次为每季度一次。分析方法按照《水污染物排放总量监测技术规范》(HJ/T 92—2002)的规定执行。

表 E.1 2008～2017 年海南省直排海污染源监测信息表

序号	点位代码	点位名称	所在	备注
1	HN01C001	白沙门一期污水处理厂排放口	海口市	
2	HN01C002	五源河排污口	海口市	2009 年撤销
3	HN01C002	白沙门二期污水处理厂排放口	海口市	2010 年新增
4	HN01C003	龙昆沟排放口	海口市	
5	HN01C004	龙珠沟排放口	海口市	
6	HN01C005	电力村泄洪沟排放口	海口市	
7	HN01C006	万绿园排污沟排污口	海口市	2009 年撤销
8	HN01C006	长流污水处理厂排放口	海口市	2010 年新增
9	HN01C007	秀英沟排放口	海口市	
10	HN01C008	南港污水处理站排放口	海口市	2017 年新增
11	HN02B001	红沙污水处理厂排放口	三亚市	
12	HN02B002	亚龙湾污水处理厂排污口	三亚市	2009 年撤销
13	HN02B003	鹿回头污水处理厂排放口	三亚市	2016 年撤销
14	HN03A001	金海浆纸业制浆污水排放口	洋浦	
15	HN03A003	金海浆纸业造纸污水排放口	洋浦	2012 年新增
16	HN03A002	中国石化海南炼油化工有限公司污水总排放口	洋浦	
17	HN03A004	洋浦海南逸盛石化有限公司污水排放口	洋浦	2014 年新增
18	HN03C001	洋浦污水处理厂污水排放口	洋浦	2014 年新增
19	HN05A024	海南大众海洋产业有限公司	琼海市	2010 年撤销
20	HN05A001	海南魁北克海洋渔业有限公司外排口	文昌市	2014 年撤销
21	HN05B001	清澜码头北侧(海鲜市场旁)污水排放口	文昌市	2014 年新增

续表

序号	点位代码	点位名称	所在	备注
22	HN05B002	清澜码头南侧（原派出所旁）污水排放口	文昌市	2014 年新增
23	HN05B003	白金海岸酒店污水排放口	文昌市	2014 年新增
24	HN05B004	高隆湾市政排污管道南二环路延长线污水排放口	文昌市	2014 年新增
25	HN05B005	文昌市污水处理厂排放口	文昌市	2014 年新增
26	HN06C001	万宁市污水处理厂排放口	万宁市	2011 年新增
27	HN07A001	中海石油处理后污水及一期清净下水混合排放口	东方市	
28	HN07A002	中海石油二期下清水排放口	东方市	
29	HN07A003	中海石油 DCC 项目排放口	东方市	2016 年新增
30	HN07C001	东方市污水处理厂排放口	东方市	2011 年新增
31	HN23A001	武钢集团海南有限责任公司污水排放口	澄迈县	2014 年撤销
32	HN23A003	欣龙无纺排放口	澄迈县	2017 年新增
33	HN23B001	老城污水处理厂排放口	澄迈县	2014 年新增
34	HN28B001	陵水县污水处理厂排放口	陵水县	2017 年新增

E.2　评价方法

直排海污染源评价采用各直排海污染源所在的行业标准；评价项目按照排放口所属行业执行标准；监测全部项目，标准中无总氮和总磷要求的，增加总氮和总磷。污染源采用单因子评价方法，即所有监测项目中任一监测项目的监测值超过污染源执行标准限值，此污染源即为超标排放。